C 语言程序设计实训

孙承秀　主　编

张久辉　樊　倩　胡浩翔　副主编

电子工业出版社·
Publishing House of Electronics Industry
北京·BEIJING

内 容 简 介

本书与《C 语言程序设计案例教程》配合，对 C 语言的语法、编程思维进行了详细分解；以翔实、简单的实例，全面训练 C 语言程序设计的重要知识和技术，有助于培养学生的逻辑思维能力，学习计算机程序设计和调试方法，进一步巩固所学知识；对其他专业学生或相关从业人员在工作方法和思考方法方面也有指导作用，可提高其程序化处理问题的能力。

本书的主要内容有 C 语言概述、基本数据类型、程序流程控制，以及将结构化程序设计方法应用于数组、函数、指针、结构体与共用体、文件，并详解"学生信息管理系统"的实现过程。

本书可用于程序开发教学的先导课程或相关升学辅导，也可供程序设计爱好者自学使用。

图书在版编目（CIP）数据

C 语言程序设计实训 / 孙承秀主编. —北京：电子工业出版社，2023.7

ISBN 978-7-121-45195-9

I. ①C… II. ①孙… III. ①C 语言—程序设计—高等学校—教材 IV. ①TP312.8

中国国家版本馆 CIP 数据核字（2023）第 043848 号

责任编辑：郑小燕　　文字编辑：张　彬
印　　刷：三河市龙林印务有限公司
装　　订：三河市龙林印务有限公司
出版发行：电子工业出版社
　　　　　北京市海淀区万寿路 173 信箱　邮编　100036
开　　本：880×1 230　1/16　印张：18.5　字数：426.2 千字
版　　次：2023 年 7 月第 1 版
印　　次：2023 年 7 月第 1 次印刷
定　　价：59.00 元

凡所购买电子工业出版社图书有缺损问题，请向购买书店调换。若书店售缺，请与本社发行部联系，联系及邮购电话：（010）88254888，88258888。

质量投诉请发邮件至 zlts@phei.com.cn，盗版侵权举报请发邮件至 dbqq@phei.com.cn。

本书咨询联系方式：（010）88254550，zhengxy@phei.com.cn。

前　言

本书旨在使读者在程序设计和工作方式、方法方面有突出的进步。

C 语言既具有高级语言的特点，又具有低级语言的特点，应用范围广，在计算机应用技术、计算机网络技术、大数据应用技术、人工智能、工业机器人、控制工程、机电一体化、应用电子技术和通信技术等专业的教学方面起到了基础性的作用，也是当下流行的 Java、C#、PHP、JavaScript、Python 等程序设计语言的入门课程。初学者要想在程序设计领域快速入门并提高，需要有良好的编程基础；要想进入编程行业并成为高手，最好先学习 C 语言。

本书根据学习者的认知规律，结合《C 语言程序设计案例教程》的理论知识，简化程序，让学习者不再感觉程序设计难懂。

本书的内容

本书共 9 章，以对当代青年的要求为思想上的学习导航，尝试将思政元素引入教材。第 1 章介绍 C 语言基础知识，包括 Visual C++ 6.0 基本操作方法和 C 语言程序的基本结构。第 2 章介绍基本数据类型，包括 C 语言的数据基础、数据表示方法和数据运算。第 3 章介绍 C 语言结构化程序流程控制语句和算法设计方法。第 4 章介绍数组，以扩充程序的数据量。第 5 章介绍函数，以简化程序，避免程序冗余。第 6 章介绍指针，以丰富数据访问方法。第 7 章介绍结构体与共用体，为面向对象程序设计铺垫基础。第 8 章介绍文件，以实现数据的长期保存和程序功能扩充。第 9 章介绍综合实例，分析系统开发设计与实现的全过程。书中的全部程序适用于任何 C 语言编译器，可在计算机和手机上运行。

本书的特色

本书的编写遵循党的二十大报告提出的"坚持为党育人、为国育才，全面提高人才自主培养质量"，旨在使读者在程序设计的方式、方法方面有突出的进步。

（1）浅显易懂，能够快速入门。对于基本知识点的分析采用简明的方式和用例，规划合理。

（2）理论联系实际，帮助学生在实践中理解理论知识，提高用 C 语言解决实际问题的能力，适用于实践课堂。内容包含了 C 语言初级阶段、深入阶段和综合提高阶段的知识与技巧。

本书的读者对象

本书可作为计算机、控制工程、电子通信等专业的程序设计课程入门教材及自学参考书。

本书编者均为长期从事 C 语言程序设计课程教学的教师，由郑州电力职业技术学院孙承秀担任主编，郑州工程技术学院张久辉、郑州电力职业技术学院樊倩、郑州工程技术学院胡浩翔担任副主编，郑州电力职业技术学院和郑州云速信息技术有限公司杜东亮，以及郑州电力职业技术学院胡彦军、王振伟、徐茜茜、张赛参与编写。

　　感谢郑州电力职业技术学院领导对本书编写工作的指导、支持和帮助。由于编者的学术水平有限，加之时间仓促，书中难免有疏漏之处，真诚期望读者多提宝贵意见。

　　为了与程序代码一致，书中变量统一使用正体表示。

编　者

2022 年 12 月

目　录

预 备 知 识

一、素养知识

预备素养知识如表 0-1 所示。

表 0-1　预备素养知识

学校机房使用规则			
1．本机房供本校在校师生使用，未经学校及机房管理教师允许，严禁校外人员入内		5．爱护公共设施，严禁拆装硬件设备	
2．本机房用于教育教学工作，不得进行游戏等娱乐活动		6．如设备出现故障，请告知机房管理教师，不得自行处理	
3．要保持机房整洁，不要乱扔废弃物，不准将食品等与实训不相关的物品带入机房		7．遵守机房公共道德秩序，不得打开与实训不相关的网页等内容，禁止修改机器配置	
4．进入机房，请保持安静，严禁大声喧哗		8．离开机房前请整理好自己所用的设备	

续表

"六不"课堂要求			
1．不迟到		4．不旷课	
2．不随便说话		5．不睡觉	想学习　想工作 **想得睡不着**
3．不玩手机	禁带手机 课堂	6．不看课外书	

学习习惯

党的二十大报告提出，"广大青年要坚定不移听党话、跟党走，怀抱梦想又脚踏实地，敢想敢为又善作善成，立志做有理想、敢担当、能吃苦、肯奋斗的新时代好青年，让青春在全面建设社会主义现代化国家的火热实践中绽放绚丽之花。"

学习习惯是在学习过程中经过反复练习而形成的并发展为一种个体需要的自动化学习行为方式。对学习者而言，养成良好的学习习惯，有利于激发学习的积极性和主动性；有利于形成学习策略，提高学习效率；有利于培养自主学习能力；有利于培养创新精神和创造能力，终身受益。

良好的学习习惯

1．按计划学习的习惯

学生的主要任务是学习，同时还有劳动、文娱活动、体育活动、交往等方面的内容。学生应该有一个比较全面的计划，并且养成按计划进行学习的习惯。计划可以调整，但不可以放弃。计划应该包括每天的时间安排、考试复习安排及双休日与寒暑假的学习安排；计划要简明，什么时间干什么，要达到什么目标。这样，学习时就会有的放矢。

2．专时专用、讲求效益的习惯

有些学生，学习"磨洋工"，平时看书、写作业时心不在焉，算算时间倒是耗得很多，效率低。其原因就是没有养成专时专用、讲求效益的习惯。

学习应该速度、质量并重，在规定时间内，按要求完成一定数量的任务。道理都明白，但真正要做到，并不是一件容易的事。所以，一旦坐到书桌前，就应该进入适度紧张的学习状态。每次学习之后，要评价自己做得如何，必要时需要老师及家长的督促。坚持下去，就能养成专时专用的好习惯，做到该学时学，该玩时玩。

3．独立钻研、善于思考的习惯

学习忌讳一知半解。想学习好，必须养成独立钻研、善于思考、务求甚解的习惯。

首先，应该学会站在系统的高度把握知识。很多学生在学习过程中习惯跟着老师一节一节地走，一章一章地学，不太注意章节与学科整体系统之间的关系，只见树木，不见森林。随着时间的推移，所学知识不断增加，就会感到内容繁杂、头绪不清，记忆负担加重。事实上，任何一门学科都有自身的知识系统，从整体上把握知识，学习每部分内容都要弄清其在整体系统中的位置，这样才能使所学知识更容易把握。

其次，应该学会追根溯源，寻求事物之间的内在联系。学习忌讳死记硬背，弄清楚道理更重要，所以不论学习什么内容，都要问为什么，这样学到的知识似有源之水，有本之木。即使所提的问题超出了所学知识范围，甚至老师也回答不出来，但这并不重要，重要的是对什么事都要有求知欲和好奇心。这往往是培养学习兴趣的重要途径，更重要的是养成了这种思考习惯，有利于思维品质的训练。

最后，应该学会发散思维，养成联想的思维习惯。在学习中应经常注意新旧知识之间、学科之间、所学内容与实际生活之间的联系，不要孤立地对待知识，要养成多角度思考问题的习惯，有意识地训练思维的流畅性、灵活性及独创性。知识的学习主要通过思维活动实现，学习的核心就是思维的核心，知识的掌握固然重要，但更重要的是通过知识的学习提高智力素质，智力素质提高了，知识的学习就会变得容易。

4．自学的习惯

自学是获取知识的主要途径。就学习过程而言，老师只是引路人，学生才是学习的真正主体，只有自己努力，知识水平才会有真正的提高。学习中的大量问题主要靠自己去解决。

阅读是自学的一种主要形式，通过阅读教材，主动查阅工具书和资料，可以独立地领会知识，把握概念的本质，分析知识的前后联系，应反复推敲，理解教材，深化知识，形成能力。学习层次越高，自学的意义越重要。有学习潜能和自学能力的学生才能走得更远。

5．合理把握学习过程的习惯

学习过程包括预习、上课、复习、作业等多个环节，只有合理把握，才能收到良好的效果。

要养成认真预习的习惯。很多学生只重视课上认真听讲，课后完成作业，而忽视了课前预习，或者根本没有预习，其中的主要原因不是没有时间，而是没有认识到预习的重要性。那么预习有什么好处呢？预习可以提前扫除课堂学习的知识障碍，提高听课效率；能复习、巩固已学的知识；能提高学生的自学能力，减少对老师的依赖，增强独立性；可以加强课上学习的针对性，改变学习的被动局面。

要养成专心上课的习惯。如果课前没有"力求当堂掌握"的决心，便会直接影响到听讲的效率。实际上，很多学生认为，上课听不懂没关系，反正有书，课下可以看书。抱有这种想法的学生，听课时往往不求甚解，或者稍遇听课障碍，就不想听了，结果浪费了宝贵的上课时间，增加了课下的学习负担，这也是一部分学生学习负担重的重要原因。上课听讲一定要集中注意力，要把老师在讲课时运用的思维形式、思维规律和思维方法理解清楚，向老师学习如何科学地思考问题，使自己思维能力的发展建立在科学的基础上。

要养成及时复习的习惯。及时复习的优点在于可以巩固学习内容，防止在学习后急速遗忘。根据遗忘曲线理论，识记后的两三天，遗忘速度最快，然后遗忘速度会逐渐变缓。因此，对刚学过的知识，应及时复习。随着知识巩固程度的提高，复习次数可以逐渐减少，间隔的时间可以逐渐加长。要"趁热打铁"，忌在学习之后很久才去复习。

要养成独立完成作业的习惯。完成作业是为了及时检查学习的效果，知识有没有记住，记到什么程度，能否应用，应用的能力有多强，真正懂没懂，有没有记住，会不会应用，要在做作业时通过对知识的应用来检验。作业可以加深对知识的理解和记忆。实际上，不少学生正是通过做作业，把容易混淆的概念区别开来，对事物之间的关系了解得更清楚。可以说，做作业促进了知识的"消化"过程，使知识的掌握进入应用的高级阶段。作业可以使思维能力在解答过程中得到迅速

提高。作业题一般都是经过精挑细选的，有很强的代表性，因此做过的习题也不应一扔了事，而应当定期进行分类整理，作为复习时的参考资料。

学习中应当培养的优良习惯还有许多，诸如有疑必问的习惯、有错必改的习惯、动手实训的习惯、细致观察的习惯、积极探究的习惯、练后反思的习惯等。只有养成了良好的学习习惯，学习才会变得轻松，学习效率才会不断提高。

学习习惯培养

1．认真选择学习的地方

环视一下房间，看看哪儿最适合学习，也许是一张书桌，也许是房间的一个角落。除了学习用具，其他什么都没有。如果找不到合适的地方，就去常去的图书馆。当坐下来时，一定要集中精力。如果不想学习的话，千万别到这个最适合学习的地方。

2．恰当利用课上时间

课上要认真听老师讲的每件事，坐在既能看得清又能听得清的地方。这样做可以使自己在课下少费功夫。记笔记可以使自己记得清老师课上讲的内容，但当老师讲些与主题关系甚微的内容时，就不必记了。

养成良好的学习习惯

3．粗略浏览要读的文章

在仔细阅读某篇文章之前，应该先粗略地看一遍，对文章有个大致的了解。这样，在细读时，可以略过一些不太重要的内容。浏览还可以加快阅读速度，增强理解能力。

4．正视对考试的认识

考试的目的是了解学生对某学科知识的掌握程度。考试不仅为了得到分数，还为了知道哪些地方需要努力，以便更好地掌握知识。所以考好了，不能骄傲；考不好，也不要气馁。

5．温故而知新

在家要养成时常翻看课堂笔记、反复研读课上老师提及的要点的习惯。

6．预习

预习第二天老师要讲授的内容，有助于更深地理解新的知识内容。养成预习的习惯，会对每天的学习内容掌握得更加深刻。

学习习惯养成

1．一心向学

只有一心向学，才能自觉甚至不由自主地把万事万物与学习联系起来，感观会成为知识信息的扫描仪和接收器，大脑会成为容纳知识并对其进行过滤、加工、再造的法宝，同时会感到生活中处处都有乐趣。

2．专心致志

专心致志是必须养成的基本的学习习惯。"小猫钓鱼"的故事就告诉了人们学习时不可一心二用。

3．严格执行定时定量学习计划

严格执行定时定量学习计划是实现目标、克敌制胜的法宝。根据奋斗目标制订出科学的计划，并且定时定量地完成计划，就能无往而不胜。

一般来说，目标比较容易确定，计划也比较容易制订，难的是定时定量地完成学习计划，即通常所说的"知易行难"。

4．认真思考

认真思考有利于提高学习质量，有利于培养人的能力，尤其是有利于增强人的发现、发明和创造能力。认真思考，是养成难度较高的习惯。

5．讲究学习卫生

青少年时期既是长知识时期，又是长身体时期，因此，学生应该知识与身体并重，讲究学习卫生，养成良好的学习卫生习惯。

不良学习习惯纠正

（1）灵活处理，忌墨守成规。

（2）设身处地，忌专横高压。

（3）恩威并重，忌言行不一。

（4）行为指导，忌唠叨啰唆。

（5）鼓励为主，忌负面强加。

（6）宽严互渗，忌情感失控。

（7）坚定立场，忌迁就退让。

（8）具体明确，忌抽象模糊。

二、 技能知识

1. 计算机系统的组成。

计算机系统的组成如图 0-1 所示。

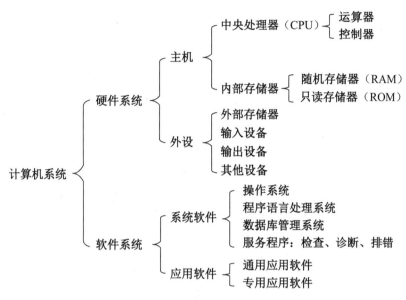

图 0-1 计算机系统的组成

2. 计算机的工作原理。

计算机的主要工作原理是存储程序控制，如图 0-2 所示。计算机在运行时，先从存储器中取出第一条指令，通过控制器的译码，按指令的要求，从存储器中取出数据进行指定的运算和逻辑操作等加工，然后按地址将结果送到存储器中。接下来，再取出第二条指令，在控制器的指挥下完成规定操作。一直进行下去，直至遇到停止指令。

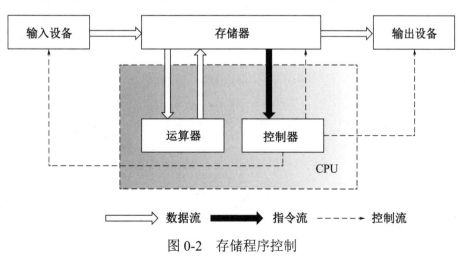

图 0-2 存储程序控制

3．计算机信息表示。

（1）计算机中的信息单位都是基于二进制的。

（2）常用的信息单位有位和字节。

① 位，又称比特，记为 bit 或 b，是最小的信息单位，表示 1 个二进制位，用 0 或 1 表示。

② 字节，记为 Byte 或 B，是基本的信息单位，表示 8 个二进制位，如 10101101。

（3）信息单位中的量：bit、Byte、KB、MB、GB、TB、PB、EB、ZB、YB、BB、NB、DB。

1 Byte =8 bits

1 KB = 1024 Bytes = 8192 bits

1 MB = 1024 KB = 1048576 Bytes

1 GB = 1024 MB = 1048576 KB

1 TB = 1024 GB = 1048576 MB

1 PB = 1024 TB = 1048576 GB

1 EB = 1024 PB = 1048576 TB

1 ZB = 1024 EB = 1048576 PB

1 YB = 1024 ZB = 1048576 EB

1 BB = 1024 YB = 1048576 ZB

1 NB = 1024 BB = 1048576 YB

1 DB = 1024 NB = 1048576 BB

第**1**章
C 语言概述

→

📚 学习任务

- ❖ 掌握在 Microsoft Visual C++ 6.0（VC++ 6.0）环境中开发 C 语言程序。
- ❖ 掌握 C 语言程序的结构及格式特点。
- ❖ 掌握 C 语言程序常见错误及其改正方法。

🔍 实训任务

实训 1−1　　Visual C++6.0 基本操作

【实训学时】1 学时

【实训目的】

1. 掌握 VC++ 6.0 的安装、启动基本操作。

2. 掌握在 VC++ 6.0 的集成开发环境中创建工程。

3. 掌握在工程中新建 C 语言源程序文件。

4. 掌握编辑、编译、组建、执行 C 语言程序。

5. 掌握 C 语言程序的调试过程。

【实训内容】

1. 安装与启动 VC++6.0。

2. 认识 Microsoft VC++ 6.0 主窗口，如图 1-1 所示。

（1）认识标题栏、菜单栏、工具栏。

（2）认识项目工作区、程序编辑窗口。

（3）认识输出结果窗口、状态栏。

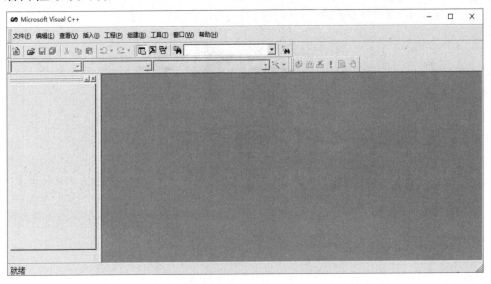

图 1-1 Microsoft VC++ 6.0 主窗口

3．设置 VC++ 6.0 窗口外观。

（1）在 VC++ 6.0 主窗口选择"工具（T）"菜单中的"选项（O）"命令，弹出"选项"对话框，如图 1-2 所示。

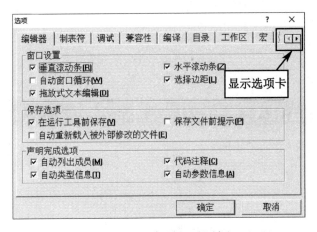

图 1-2 "选项"对话框

（2）单击"显示选项卡"按钮，显示其他选项卡后，选择"格式"选项卡，如图 1-3所示。

（3）"类别（Y）"列表框中列出了可以设置外观的位置，如"所有窗口""源窗口""输出窗口""工作区窗口"等。可以选择"所有窗口"，对 VC++ 6.0 中所有子窗口的外观进行设置。

① 在"字体（F）"下拉列表中选择"仿宋"。

② 在"大小（S）"下拉列表中选择"28"。

③ 在"颜色（C）"列表框中选择"文本"。

④ 在"前景（O）"下拉列表中选择"自动"。在"背景（B）"下拉列表中选择"自动"。

⑤ 单击"确定"按钮，完成 VC++ 6.0 中所有子窗口的外观调整。

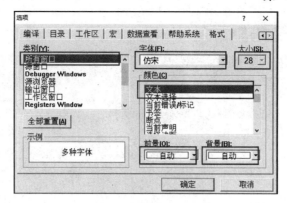

图 1-3　"格式"选项卡

4. 创建工作区。

（1）在 VC++ 6.0 主窗口选择"文件（F）"菜单中的"新建（N）"命令，弹出"新建"对话框，如图 1-4 所示。

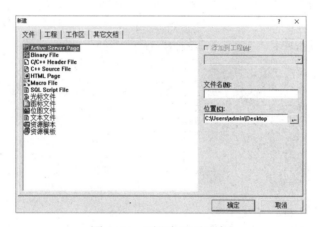

图 1-4　"新建"对话框

（2）选择"工作区"选项卡，在左侧的列表框中选择"空白工作区"选项。

（3）在"工作空间名称（N）"文本框中输入工作空间名称，如"C 语言程序设计"，如图 1-5 所示。

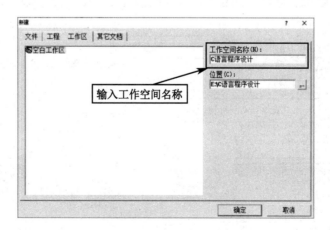

输入工作空间名称

图 1-5　新建工作区

（4）选择保存位置后，单击"确定"按钮，完成工作区的创建，如图 1-6 所示。

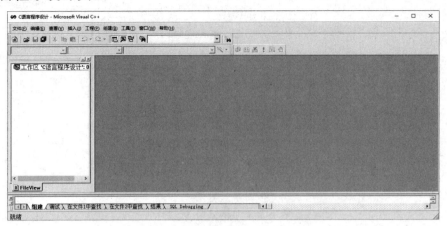

图 1-6   "C 语言程序设计"工作区

5．创建工程。

（1）在 VC++ 6.0 主窗口选择"文件（F）"菜单中的"新建（N）"命令，弹出"新建"对话框。

（2）选择"工程"选项卡，如图 1-7 所示。

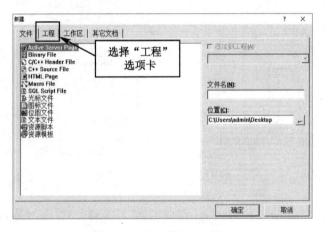

图 1-7   "工程"选项卡

（3）在左侧的列表框中选择"Win32 Console Application"选项，如图 1-8 所示。

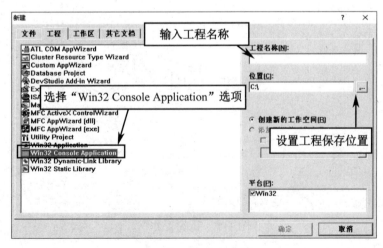

图 1-8   设置工程名称和保存位置

（4）在"工程名称（N）"文本框中输入工程名称，如"project1"。

（5）单击"位置"文本框旁边的"浏览"按钮，弹出如图 1-9 所示的"选择目录"对话框。

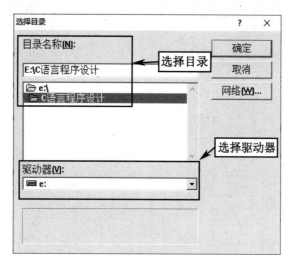

图 1-9　"选择目录"对话框

（6）在"驱动器（V）"下拉列表中选择工程要保存的盘符，如"e:"。在"目录名称（N）"列表框中选择一个文件夹，如"C 语言程序设计"。

（7）单击"确定"按钮，关闭"选择目录"对话框，回到"新建"对话框的"工程"选项卡，如图 1-10 所示。

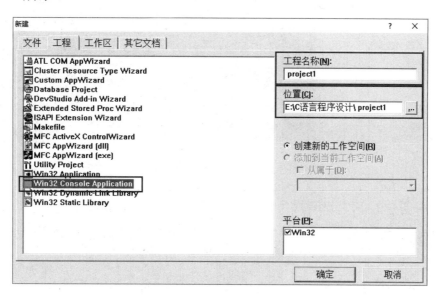

图 1-10　"工程"选项卡

（8）单击"确定"按钮，弹出"Win32 Console Application"对话框，选择"一个空工程（E）"单选按钮，如图 1-11 所示。

（9）单击"完成"按钮，弹出如图 1-12 所示的"新建工程信息"对话框。

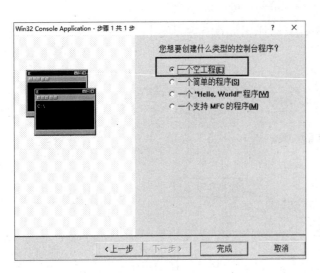

图 1-11 "Win32 Console Application"对话框

图 1-12 "新建工程信息"对话框

（10）单击"确定"按钮，完成空工程 project1 的创建，如图 1-13 所示。

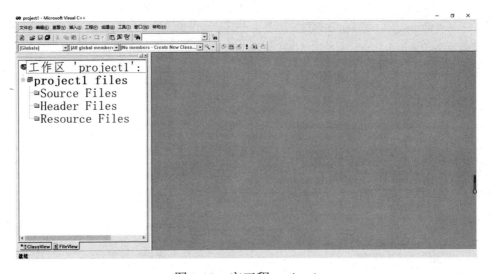

图 1-13 空工程 project1

6. 在工程中创建 C 语言源程序文件，编写第一个 C 语言源程序。

（1）在 VC++ 6.0 主窗口选择"文件（F）"菜单中的"新建"命令，弹出"新建"对话框。

（2）在"文件"选项卡左侧的列表框中选择"C++ Source File"选项，在"文件名（N）"文本框中输入文件名，如 1-1.c，选中"添加到工程（A）"复选框，如图 1-14 所示。

（3）单击"确定"按钮，完成 C 语言源程序文件的创建，如图 1-15 所示。

（4）光标在程序编辑窗口中闪烁，此时就可以输入 C 语言程序了。

（5）在程序编辑窗口中编写程序，输出字符串。

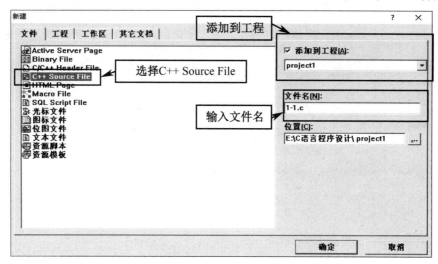

图 1-14　"文件"选项卡

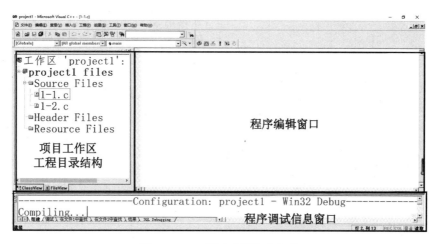

图 1-15　C 语言源程序文件

练习实例：（1-1.c）

```c
#include<stdio.h>
void main(){
    printf("Hello world!\n");
}
```

（6）保存 C 语言程序，完成第一个 C 语言源程序的编写。

7．编译 C 语言源程序。

方法 1：在 VC++ 6.0 主窗口选择"组建（B）"菜单中的"编译"命令（文件名称视现实情况而定），如图 1-16 所示，编译 C 语言源程序。

方法 2：使用快捷键"Ctrl+F7"编译 C 语言源程序。

方法 3：单击"组建（B）"工具栏中的"编译"命令按钮，如图 1-17 所示，编译 C 语言源程序。

编译后，程序调试信息窗口中显示一些编译信息，生成"1-1.obj"文件，如图 1-18 所示。"1-1.obj - 0 error(s), 0 warning(s)"表示程序中无错误，可以组建程序文件。

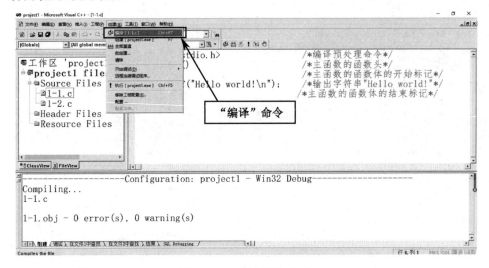

图 1-16　"编译"命令

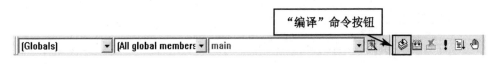

图 1-17　"编译"命令按钮

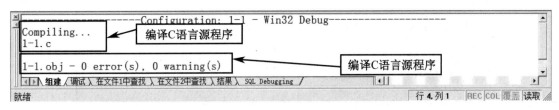

图 1-18　编译信息提示

8．组建程序。

方法 1：在 VC++ 6.0 主窗口选择"组建（B）"菜单中的"组建"命令，如图 1-19 所示，组建 C 语言程序。"project1"是当前窗口中正在打开的工程。

方法 2：使用快捷键 F7 组建 C 语言程序。

图 1-19　"组建"命令

方法 3：单击"组建（B）"工具栏中的"组建"命令按钮 ，如图 1-20 所示，组建 C 语言程序。

图 1-20　"组建"命令按钮

组建 C 语言程序后，程序调试信息窗口中显示一些组建信息，生成"project1.exe"文件，如图 1-21 所示。"Linking... project1.exe - 0 error(s),0 warning(s)"表示连接程序中无错误，可以执行程序。

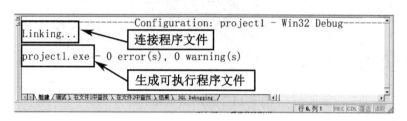

图 1-21　组建信息提示

9．执行程序。

方法 1：在 VC++ 6.0 主窗口选择"组建（B）"菜单中的"执行"命令，执行 C 语言程序，如图 1-22 所示。

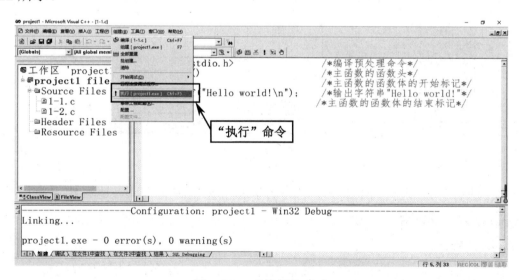

图 1-22　"执行"命令

方法 2：使用快捷键"Ctrl+F5"执行 C 语言程序。

方法 3：单击"组建（B）"工具栏中的"执行"命令按钮 ，执行 C 语言程序，如图 1-23 所示。

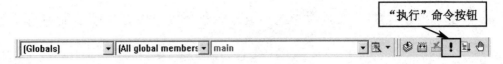

图 1-23　"执行"命令按钮

执行程序后，可以在输出结果窗口查看程序运行结果，如图 1-24 所示。

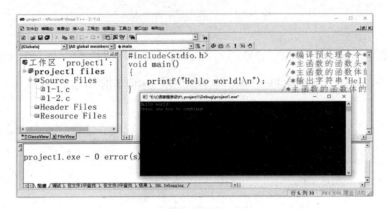

图 1-24　输出结果窗口

10. 改正 C 语言程序中的语法错误，如图 1-25 所示。

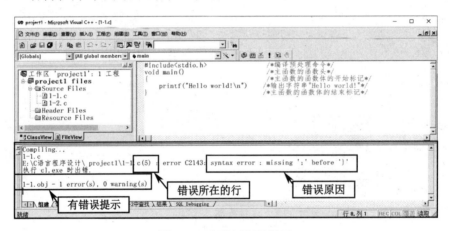

图 1-25　语法错误提示

C 语言程序有一系列严格的语法规定，初学者常会碰到的编译、运行错误有以下几种。

（1）main()函数名写错。例如，把 main()函数名错写成 mian()或其他函数名。一定要保证主函数的名称正确。

（2）漏写圆括号()。函数名后面的圆括号()内是函数的参数，即使没有参数，圆括号()也不能省略。

（3）错将关键字写成大写英文字母。C 语言编译系统区分英文字母大小写，会把大小写英文字母视为两个不同的字符。

（4）语句末尾漏写分号（;）。C 语言程序的每条语句均以分号（;）结束，是语句不可缺少的组成部分。

（5）标识符使用错误。标识符是指用户根据自己的需要而自定义的一些符号组合。一个正确的标识符需要满足以下条件：只能使用大小写英文字母、0～9 范围内的数字及下画线（_），首字符不能以数字开头，且关键字不能作为标识符。标识符的长度一般不超过 31 个字符；sum 和 Sum 是两个不同的标识符，不可将它们混为一谈。

（6）漏掉成对出现符号中的一个。成对出现的符号（如" "、' '、()、{}、[]）需要左右配对。

（7）在除字符串外的程序中输入中文符号。C 语言程序中所用的符号应是英文输入法状态下的符号。

11．关闭工作空间。

（1）在 VC++ 6.0 主窗口选择"文件（F）"菜单中的"关闭工作空间"命令，如图 1-26 所示。

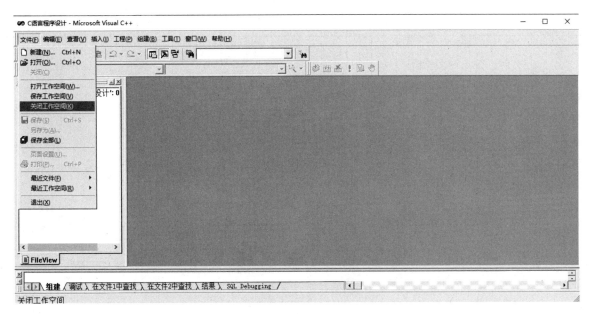

图 1-26　"关闭工作空间"命令

（2）弹出如图 1-27 所示的关闭工作空间提示对话框，单击"否"按钮，关闭工作空间。

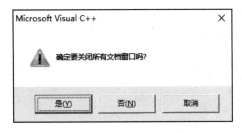

图 1-27　关闭工作空间提示对话框

【实训小结】

完成如表 1-1 所示的实训小结。

表 1-1　实训小结

知识巩固	在计算机中创建工程，在工程中按图 1-28 所示的步骤练习 C 语言程序文件的相关操作 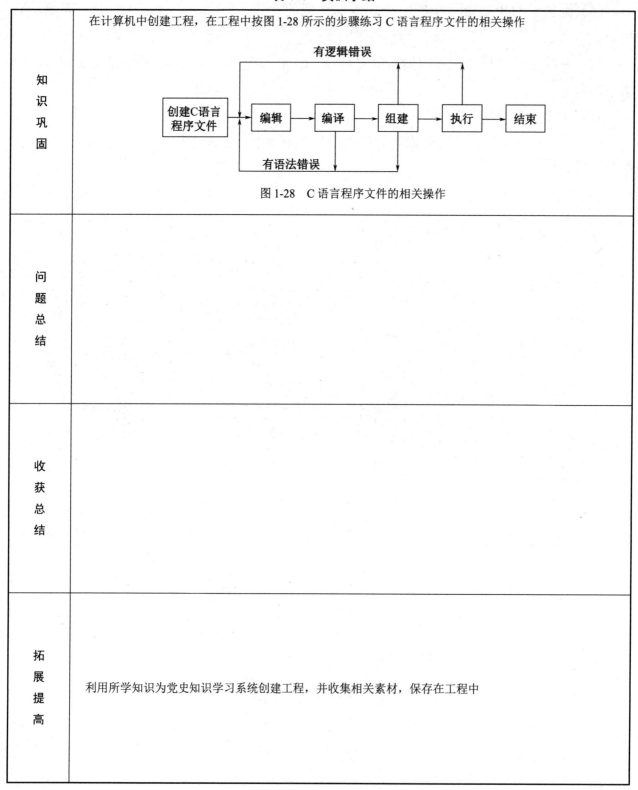<div align="center">图 1-28　C 语言程序文件的相关操作</div>
问题总结	
收获总结	
拓展提高	利用所学知识为党史知识学习系统创建工程，并收集相关素材，保存在工程中

实训 1-2　　C 语言程序的基本结构

【实训学时】1 学时

【实训目的】

1．掌握 C 语言程序的基本结构。

2．练习在 VC++ 6.0 的集成开发环境中创建工程，新建 C 语言源程序文件，编辑、编译、组建、执行 C 语言程序。

3．应用 C 语言程序的基本结构完成简单的程序设计。

【实训内容】

1．创建工程，将工程文件保存在合适的目录中。

2．在工程中新建一个 C 语言源程序文件 Hello World.c。

3．认识常见错误，并掌握改正方法，如表 1-2 所示。

表 1-2　常见错误及其改正方法

错　误	错误原因	改正方法
#incldue<stdio.h>	fatal error C1021: invalid preprocessor command 'incldue'	正确书写命令 include
#include<stido.h>	fatal error C1083: Cannot open include file: 'stido.h': No such file or directory	正确书写头文件名 stdio.h
#include<stdio.h	error C2013: missing '>'	<>符号要成对出现
void mian ()	warning C4700: local variable 'n' used without having been initialized	正确书写主函数名 main()
printf("Hello Wor1d!\n")	error C2143: syntax error : missing ';' before '}'	语句末尾要有;
printf("Hello World!\n";	error C2143: syntax error : missing ')' before ';'	()符号要成对出现
printf("Hello World!\n");	error C2018: unknown character '0xa3' error C2018: unknown character '0xbb'	把中文符号改为英文符号
print ("Hello World!\n");	error C2065: 'print' : undeclared identifier	正确书写库函数名 printf()

4．熟悉 C 语言程序的基本结构及其格式，如图 1-29 所示。

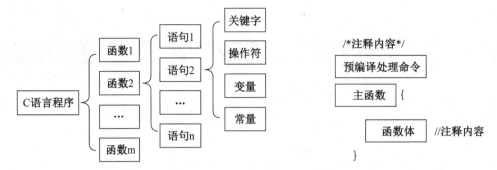

图 1-29　C 语言程序的基本结构及其格式

5. 在工程中新建 C 语言源程序文件 1-2.c，编写程序，在显示器中输出如图 1-30 所示的内容，熟悉 C 语言程序的基本结构。

图 1-30　C 语言程序运行结果

练习实例：（1-2.c）

```c
#include<stdio.h>
void main(){
    printf("**********************************************\n");
    printf("*                    C语言程序                    *\n");
    printf("**********************************************\n");
}
```

6. 在工程中新建 C 语言源程序文件 1-3.c，编写程序，理解 C 语言程序的基本单位是函数这一知识点，并练习编译、组建、执行程序的方法。

练习实例：（1-3.c）

```c
#include<stdio.h>
int max(int a,int b){
    if(a>b){
        return a;
    }else{
        return b;
    }
}
void main(){
    int x,y;
    int max;
    printf("请输入两个整数：");
    scanf("%d %d",&x,&y);
    max=max(x,y);
    printf("两个数中的较大数：%d\n",max);
}
```

【实训小结】

完成如表 1-3 所示的实训小结。

表 1-3　实训小结

知识巩固	编写程序，设计学生信息管理系统软件界面内容，如图 1-31 所示 ** *　　　　　　欢迎使用学生信息管理系统　　　　* *　　　　　　请选择操作（1～5）　　　　　　* *　　　　　　1. 输入学生成绩　　　　　　　* *　　　　　　2. 查询学生成绩　　　　　　　* *　　　　　　3. 删除学生成绩　　　　　　　* *　　　　　　4. 修改学生成绩　　　　　　　* *　　　　　　5. 退出系统　　　　　　　　　* ** 图 1-31　学生信息管理系统软件界面内容
问题总结	
收获总结	
拓展提高	编写程序，设计党史知识学习计划卡，运行结果如图 1-32 所示 图 1-32　党史知识学习计划卡运行结果

自我评价与考核

完成如表 1-4 所示的自我评价与考核表。

表 1-4　自我评价与考核表

评测内容：	编辑、编译、组建、执行程序，C 语言程序的基本结构		
完成时间：	完成情况：　　　　　　□优秀□良好□中等□合格□不合格		
序　号	知　识　点	自 我 评 价	教 师 评 价
1	安装与启动 VC++6.0		
2	认识 VC++ 6.0 主窗口标题栏、菜单栏、工具栏、项目工作区、程序编辑窗口、输出结果窗口、状态栏		
3	创建工程，将工程文件保存在合适的目录中		
4	在工程中创建 C 语言源程序文件，编写 C 语言源程序		
5	编译 C 语言源程序		
6	组建程序		
7	执行程序		
8	改正 C 语言程序中的语法错误		
9	关闭工作空间		
10	认识 C 语言程序的基本结构		
11	书写预处理命令		
12	书写主函数 main()		
13	书写简单的输出语句		
14	书写注释		
15	理解编辑、编译、组建、执行程序的作用		
16	理解 C 语言源程序文件、目标文件、可执行文件的关系		
需要改进的内容：			

习题 1

一、选择题

1. 以下叙述正确的是（　　　　）。

　　A．C 语言程序的基本单位是函数

B．可以在一个函数中定义另一个函数

C．main()函数必须放在其他函数之前

D．所有被调用的函数一定要在调用之前进行定义

2．在 C 语言程序中，main()函数（　　）。

A．必须作为第一个函数

B．可以在任意位置

C．必须放在其他函数里面

D．必须在末尾

3．下列对 C 语言程序书写格式的描述正确的是（　　）。

A．每行只能写一条语句

B．通常采用"缩排"方式

C．每行都要以分号（;）结尾

D．注释行必须放在程序的开头或末尾

4．C 语言源程序文件 file.c 经编译、组建后，生成的文件名是（　　）。

A．file.c
B．file

C．file.obj
D．file.exe

5．一个 C 语言程序有且仅有一个（　　）函数。

A．main()
B．max()

C．min()
D．math()

6．C 语言程序的基本单位是（　　）。

A．程序行
B．语句

C．函数
D．字符

7．C 语言程序目标文件的类型是（　　）。

A．.c
B．.exe

C．.h
D．.obj

8．以"/*"开头和以"*/"结尾的代码在 C 语言程序中（　　）。

A．可以执行
B．要进行语法检查

C．不执行
D．以上都正确

二、简答题

1．C 语言程序的特点有哪些？

2．怎样编写并执行一个 C 语言程序？

实训小结与易错点分析

C 语言结合了高级语言和低级语言的优点，以函数为基本单位，库函数和自定义函数具备强大的功能，用户可以方便地调用它们。通过 C 语言程序实例，可以了解 C 语言程序的结构及其格式。通过在开发环境中创建工程、新建源程序文件等相关操作，可以掌握 C 语言程序开发步骤，编辑、编译、组建及执行程序。

C 语言常见的基本错误如下。

（1）缺少 "#include <stdio.h>"，程序编译时报错误信息 "error C2065: 'printf' : undeclared identifier"。

（2）缺少 "void main()"，程序编译时报错误信息 "error C2447: missing function header (old-style formal list?)"。

（3）main()没有类型修饰，如 void 或 int，程序编译时报警告信息 "warning C4508: 'main' : function should return a value; 'void' return type assumed"。

（4）使用的符号不满足 C 语言程序规定，如将变量 a2 错写成 2a，程序编译时报错误信息 "error C2059: syntax error : 'bad suffix on number'"。

（5）新建的 C 语言源程序文件选择了错误的文件类型，如文件类型为.h，程序不能编译，出现如图 1-33 所示的错误提示。

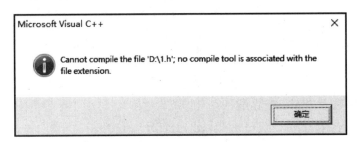

图 1-33   不能编译的错误提示

第 2 章
基本数据类型

学习任务

❖ 掌握各种数据类型常量的表示与使用。

❖ 掌握各种数据类型变量的表示与使用。

❖ 掌握输出语句的格式与书写方法。

❖ 掌握输入语句的格式与书写方法。

❖ 掌握数据运算的作用与表达式的书写方法。

实训任务

实训 2-1   常量

【实训学时】1 学时

【实训目的】

1. 认识整型常量。

2. 认识实型常量。

3. 认识字符常量、字符串常量、转义字符常量。

4. 认识符号常量。

【实训内容】

1. 熟悉数据类型，如图 2-1 所示。

2. 编写程序，理解整型十进制、八进制、十六进制常量的特点，掌握整型常量的 3 种表示方法。

整型（短整型、整型、长整型）

基本类型 —— 浮点型（单精度、双精度）

数据
类
型

构造类型
指针类型
空类型（void）

字符型

图 2-1 数据类型

练习实例：（2-1.c）

```
#include<stdio.h>
void main(){
    printf("%d  %d  %d\n",123,0123,0x123);
    printf("%d  %o  %x\n",123,0123,0x123);
    printf("%d  %o  %x\n",123,123,123);
}
```

3. 编写程序，掌握实型常量的两种表示方法。

练习实例：（2-2.c）

```
#include<stdio.h>
void main(){
    printf("%f,%lf\n",3.14f,-3.6);
    printf("%lf,%lf\n",0.123456789,0.123456789);
    printf("指数表示形式：%e\n",0.0000012);
    printf("小数表示形式：%lf\n",0.0000012);
}
```

4. 编写程序，掌握字符常量的书写方法。

练习实例：（2-3.c）

```
#include<stdio.h>
void main(){
    printf("%c %c %c %c\n",'A','a','Z','z');
    printf("%c %c %c\n",'0','+','&');
    printf("%c %c %c %c\n",'!','?','>',':');
}
```

5. 编写程序，掌握字符串常量的作用和书写方法。

练习实例：（2-4.c）

```
#include<stdio.h>
void main(){
    printf("***************************************************\n");
    printf("*          %s               *\n","欢迎访问学生成绩管理系统");
    printf("*          %s                           * \n","请选择：");
    printf("*          1.查询学生成绩                        *\n");
```

```
    printf("*            2.插入学生成绩                        *\n");
    printf("*            3.修改学生成绩                        *\n");
    printf("*            4.删除学生成绩                        *\n");
    printf("*            5.退出系统                            *\n");
    printf("*********************************************\n");
}
```

6. 编写程序，理解转义字符常量的特点，掌握转义字符常量的书写方法。

练习实例：（2-5-1.c）

```
#include<stdio.h>
void main(){
    printf("%c\t%c\t%c\a%c\\\n\t%c",'\t','A','0','$','#');
    printf("%c\t%c %c %c %c",'\t','A','0','$','#');
    printf("%c %c %c %c\n",'\000','\001','\002','\003');
    printf("%c %c %c %c\n",'\004','\005','\006','\007');
    printf("%c %c %c %c\n",'\x08','\x09','\x10','\x11');
    printf("%c %c %c %c\n",'\x12','\x13','\x14,'\x15');
}
```

练习实例：（2-5-2.c）

```
#include<stdio.h>
void main(){
    printf("\t\t\t课程表\n");
    printf("\t星期一\t星期二\t星期三\t星期四\t星期五\n");
    printf("1-2\t计算机\tC语言\t英语\t数学\t电子\n");
    printf("3-4\t计算机\tC语言\t英语\t数学\t电子\n");
    printf("5-6\t计算机\tC语言\t英语\t数学\t电子\n");
}
```

7. 编写程序，掌握符号常量的特点和使用方法。

练习实例：（2-6-1.c）

```
#define M 100
#define N M+3
#include<stdio.h>
void main(){
    int i=2,j;
    j=i*N*M;
    printf("%d",j);
}
```

练习实例：（2-6-2.c）

```
#define M 100
#define N (M+3)
#include<stdio.h>
void main(){
    int i=2,j;
    j=i*N*M;
    printf("%d",j);
}
```

练习实例：（2-6-3.c）

```
#include<stdio.h>
#define N 2
#define y(n) ((N+1)*n)
void main(){
    double z;
    z=4*(N+y(5));
    printf("z=%lf\n",z);
}
```

【实训小结】

完成如表 2-1 所示的实训小结。

表 2-1 实训小结

知识巩固	用整数表示年龄，用小数表示身高，用字符表示选择题的答案，用字符串提示程序的执行过程，用符号常量表示常用数字
问题总结	
收获总结	
拓展提高	编写程序，展示党史知识学习成果，运行结果如图 2-2 所示 图 2-2 党史知识学习成果运行结果

实训 2-2　变量

【实训学时】1 学时

【实训目的】

1. 认识整型变量。

2. 认识实型变量。

3. 认识字符变量。

【实训内容】

1. 熟悉标识符命名规则。变量、常量、函数、语句块统称为标识符。

（1）标识符必须以字母 a～z、A～Z 或下画线开头，后面可跟 n 个字符（也可为 0），这些字符可以是字母、下画线或数字，其他字符不允许出现在标识符中。

（2）标识符区分英文字母大小写。

（3）关于标识符的长度，ANSI X3.159—1989（c89）标准规定 31 个字符以内，ISO/IEC 9899:1999（c99）标准规定 63 个字符以内。

（4）C 语言中的关键字有特殊意义，不能作为标识符。

（5）自定义标识符最好是具有一定意义的字符串，便于记忆和理解。

练习实例：在表 2-2 中进行标识符命名练习。

表 2-2　标识符列表

标　识　符	是否合法（填√或×）	错　误　原　因	标　识　符	是否合法（填√或×）	错　误　原　因
from#12			my-Boolean		
2ndObj			int		
jack&rose			myInt		
while			G.U.I		
account_1%			_sum		

2. 编写程序，计算两个已知整数之和，掌握整型变量的使用方法。

练习实例：（2-7.c）

```
#include<stdio.h>
void main(){
    int x=10,y=20,sum;
    sum=x+y;
    printf("x+y=%d\n",sum);
}
```

3. 编写程序，理解当要表示的数据超出计算机表示范围时，产生的数据溢出现象，掌握整型变量的使用方法。

练习实例：（2-8.c）

```c
#include<stdio.h>
void main(){
    short x=32767,y;
    y=x+1;
    printf("y=%d\n",y);
    x=-32768;
    y=x-1;
    printf("y=%d\n",y);
}
```

4. 编写程序，掌握实型变量的使用方法。

练习实例：（2-9.c）

```c
#include<stdio.h>
void main(){
    float a=123.456f;
    double b=123.456;
    printf("a=%f\n",a);
    printf("b=%lf\n",b);
}
```

5. 编写程序，掌握字符变量的使用方法。

练习实例：（2-10.c）

```c
#include<stdio.h>
void main(){
    char c1='a',c2='Z';
    char c3='0',c4='9';
    char c5='\0',c6='\n';
    char ch1='A',ch2;
    printf("c1=%c,c2=%c\n",c1,c2);
    printf("c3=%c,c4=%c\n",c3,c4);
    printf("c5=%c,c6=%c\n",c5,c6);
    ch2=ch2-32;
    printf("ch1=%c,ch2=%c\n",ch1,ch2);
}
```

【实训小结】

完成如表 2-3 所示的实训小结。

表 2-3　实训小结

知识巩固	1. 为表示年龄的变量赋值 18。 2. 为表示身高的变量赋值 1.85。 3. 为表示性别的变量赋值 M
问题总结	
收获总结	
拓展提高	编写程序，在党史知识学习系统中实现统计分数和统计学习次数

实训 2-3　数据类型转换

【实训学时】0.5 学时

【实训目的】

1．认识自动类型转换。

2．认识强制类型转换。

3．掌握在程序中正确运用类型转换方法。

【实训内容】

1．熟悉自动类型转换规则，如图 2-3 所示。

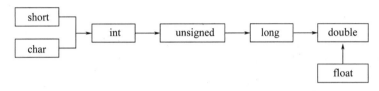

图 2-3　自动类型转换规则

2．编写程序，通过赋值运算，将一种类型的数据赋值给另一种类型的变量，理解自动类型转换规则。

练习实例：（2-11.c）

```c
#include<stdio.h>
void main(){
    short s=100;int i=s;
    long l=i;float f=100;
    double d=f;char c='A';
    i=c;
    printf("s=%d\n",s);
    printf("i=%d\n",i);
    printf("l=%ld\n",l);
    printf("f=%f\n",f);
    printf("d=%lf\n",d);
    printf("c=%c\n",c);
}
```

3．编写程序，将一种类型的变量强制转换成另一种类型的变量，掌握强制类型转换方法。

练习实例：（2-12.c）

```c
#include<stdio.h>
void main(){
    int sum=103,n=7;
    double average;
    average=(double)sum/n;
    printf("平均值：%lf!\n",average);
}
```

【实训小结】

完成如表 2-4 所示的实训小结。

表 2-4　实训小结

知识巩固	1. 将整型表达式 1+2+3 的值强制转换成 double 类型。 2. 将 float 类型常量 3.14f 强制转换成 int 类型。 3. 将 double 类型变量 x 强制转换成 int 类型
问题总结	
收获总结	
拓展提高	编写程序，在党史知识学习系统中实现计算每次分数的平均值

实训 2-4 标准输出函数 printf()

【实训学时】1 学时

【实训目的】

1．掌握格式控制符的含义及使用方法。

2．掌握 printf()函数的格式。

3．掌握在程序中设计输出语句的方法。

【实训内容】

1．熟悉格式控制符，如表 2-5 所示。

表 2-5　格式控制符

格式控制符	说　　明
%d	按十进制整型数据的实际长度输出整型数据
%o	按八进制形式输出整型数据
%x（%X，%#x，%#X）	按十六进制形式输出整型数据
%ld	按长整型数据输出整型数据
%f	按小数形式输出单精度实型数据
%e	按指数形式输出单精度实型数据
%lf	按小数形式输出双精度实型数据
%le	按指数形式输出双精度实型数据
%g	以%f 和%e 中较短的输出宽度输出单精度实数，在指数小于-4 或者大于等于+6 时使用%e 格式
%lg	以%lf 和%le 中较短的输出宽度输出双精度实数，在指数小于-4 或者大于等于+6 时使用%le 格式
%c	按字符形式输出字符型或整型数据
%s	输出字符串

2．熟悉 printf()函数的格式，如表 2-6 所示。

表 2-6　printf()函数的格式

数 据 类 型	输 出 语 句	说　　明	输出结果分析
整型数据	printf("%md\n",整型数据);	m 为正整数	m 小于数据所占的宽度时，以数据本身的宽度输出；m 大于或等于数据所占的宽度时，以空格补在数据的左边，并靠右输出
		m 前加负号（-）	数据靠左输出
实型数据	printf("%m.nf\n",实型数据);	m，n 为正整数	m 定义数据输出的宽度，同整型数据输出；n 定义数据输出的小数位数
字符型数据	printf("%mc\n",字符型数据);	m 为正整数	m 定义数据输出的宽度，同整型数据输出
字符串	printf("%m.ns\n",字符串);	m，n 为正整数	m 定义数据输出的宽度，同整型数据输出；n 定义从左向右截取的字符串
		m 前加负号（-）	字符串靠左输出

3. 编写程序，使用 printf()函数输出整型数据。

练习实例：（2-13.c）

```c
#include<stdio.h>
void main(){
    printf("%2d\n",1234);
    printf("%10d\n",1234);
    printf("%-10d\n",1234);
    printf("%2d%10d%-10d\n",1234,1234,1234);
}
```

4. 编写程序，使用 printf()函数输出实型数据。

练习实例：（2-14.c）

```c
#include<stdio.h>
void main(){
    printf("%10.1f\n",12.34f);
    printf("%10.4f\n",12.34f);
    printf("%-10.4f\n",12.34f);
}
```

5. 编写程序，使用 printf()函数输出字符型数据和字符串。

练习实例：（2-15.c）

```c
#include<stdio.h>
void main(){
    printf("%4c%4c\n",'a','b');
    printf("%-4c%-4c\n",'a','b');
    printf("%4s%15s\n","computer","computer");
    printf("%.2s%-15.4s\n","computer","computer");
}
```

【实训小结】

完成如表 2-7 所示的实训小结。

表 2-7　实训小结

知识巩固	1. 为整型表达式 a+100 编写输出语句。 2. 为 100、1.24f、3.14 和 X 编写输出语句。 3. 输出 12.34，要求输出宽度占 10 位，保留两位小数
问题总结	
收获总结	
拓展提高	编写程序，在党史知识学习系统中实现输出每次学习成绩

标准输入函数 scanf()

【实训学时】0.5 学时

【实训目的】

1. 掌握 scanf() 函数的格式。

2. 掌握在程序中设计输入语句的方法。

【实训内容】

1. 熟悉 scanf() 函数的格式，如表 2-8 所示。&用于取得变量地址。

表 2-8　scanf() 函数的格式

数 据 格 式	输 入 语 句	说　明
基本格式	scanf ("%d%f",&a,&b);	scanf (格式控制,输入对象地址列表);
定义输入数据宽度	scanf ("%md%nd",&a,&b);	变量 a 是 m 位数
		变量 b 是 n 位数
定义输入无效数字	scanf ("%md%*nd%md",&a,&b);	有 n 位数是无效数字

2. 编写程序，使用 scanf() 函数输入各种类型的变量。

练习实例：（2-16.c）

```c
#include<stdio.h>
void main(){
    int a;float b;
    char c;double d;
    printf("输入一个字符：");
    scanf("%c",&c);
    printf("输入一个整数：");
    scanf("%d",&a);
    printf("输入一个实数：");
    scanf("%f",&b);
    printf("输入一个实数：");
    scanf("%lf",&d);
    printf("a=%d b=%f c=%c d=%lf\n",a,b,c,d);
}
```

3. 编写程序，使用 scanf() 函数输入整型数据。

练习实例：（2-17.c）

```c
#include<stdio.h>
void main(){
```

```
    int a,b,c;
    printf("输入整数：");
    scanf("%3d%3d%3d",&a,&b,&c);
    printf("a=%d,b=%d,c=%d\n",a,b,c);
    printf("输入整数：");
    scanf("%3d%*3d%3d",&a,&b,&c);
    printf("a=%d,b=%d,c=%d\n",a,b,c);
}
```

【实训小结】

完成如表 2-9 所示的实训小结。

表 2-9　实训小结

知识巩固	1. 输入整型数据 a、b、c。 2. 输入整型数据 a、单精度类型数据 b、字符型数据 c 的语句。 3. 输入 a、b、c 这 3 个整数，a 为两位数，b 为三位数，c 为两位数
问题总结	
收获总结	
拓展提高	编写程序，在党史知识学习系统中实现选择题的答题功能

实训 2-6　运算符、表达式、优先级和结合性

【实训学时】2 学时

【实训目的】

1．掌握各种运算符的运算规则。

2．掌握在程序中根据问题书写表达式的方法。

3．掌握各种运算符配合使用的方法。

4．掌握运算符优先级和结合性规则。

【实训内容】

1．熟悉算术运算符的运算规则，如表 2-10 所示。

表 2-10　算术运算符的运算规则

运算符名称	运 算 符	运 算 对 象	运 算 结 果	运 算 规 则
正	+	整型、实型	整型、实型	单目运算，表示数据的符号为正
负	−	整型、实型	整型、实型	单目运算，表示数据的符号为负
乘	*	整型、实型	整型、实型	双目运算，完成相乘
除	/	整型、实型	整型、实型	双目运算，完成相除
求余	%	整型	整型	双目运算，完成求余
加	+	整型、实型、字符型	整型、实型	双目运算，完成相加
减	−	整型、实型、字符型	整型、实型	双目运算，完成相减

2．编写程序，理解将算术运算符应用于不同类型的数据时，结果不同。

练习实例：（2-18.c）

```c
#include<stdio.h>
void main(){
    int a=7;
    float y;
    y=a/2;
    printf("%.2f\n",y);
    y=a/2.0;
    printf("%.2f\n",y);
}
```

3．熟悉自增、自减运算符的运算规则，如表 2-11 所示。

表 2-11　自增、自减运算符的运算规则

运算符名称	运 算 符	示 例	运 算 规 则
自增	++	++i	变量自增 1 后参与运算
		i++	变量参与运算后自增 1

运算符名称	运 算 符	示 例	运 算 规 则
自减	--	--i	变量自减 1 后参与运算
		i--	变量参与运算后自减 1

4. 编写程序，理解自增和自减运算符的作用，理解前置运算和后置运算的不同。

练习实例：（2-19.c）

```c
#include<stdio.h>
void main(){
    int a=21,b;
    float x=37.4f,y;
    ++a;
    ++x;
    printf("1.a=%d,x=%f\n",a,x);
    a++;
    x++;
    printf("2.a=%d,x=%f\n",a,x);
    b=a++;
    y=x++;
    printf("3.b=%d,y=%f\n",b,y);
    printf("4.a=%d,x=%f\n",a,x);
}
```

5. 熟悉赋值运算符与复合赋值运算符的运算规则，如表 2-12 所示。

表 2-12　赋值运算符与复合赋值运算符的运算规则

运算符名称	运 算 符	示 例	运 算 规 则
赋值运算符	=	c = a	直接赋值
复合赋值运算符	+=	c += a	c += a 相当于 c = c + a
	-=	c -= a	c -= a 相当于 c = c - a
	*=	c *= a	c *= a 相当于 c = c * a
	/=	c /= a	c /= a 相当于 c = c / a
	%=	c %= a	c %= a 相当于 c = c % a

6. 编写程序，掌握赋值和复合赋值的使用方法。

练习实例：（2-20.c）

```c
#include<stdio.h>
void main(){
    int a,b;
    a=b=10;
```

```
    printf("1.a=%d,b=%d\n",a,b);
    a+=b;
    printf("2.a=%d,b=%d\n",a,b);
    b/=a;
    printf("3.a=%d,b=%d\n",a,b);
}
```

7. 熟悉关系运算符的运算规则，如表 2-13 所示。

表 2-13　关系运算符的运算规则

运算符名称	运 算 符	运 算 规 则
小于	<	表示数据之间的大小关系，结果是一个逻辑值，符合事实的结果为 1，表示真；不符合事实的结果为 0，表示假
小于等于	<=	
大于	>	
大于等于	>=	
等于	==	
不等于	!=	

8. 编写程序，掌握关系运算符的运算规则和关系表达式的书写方法。

练习实例：（2-21.c）

```
#include<stdio.h>
void main(){
    printf("%d %d %d %d\n",10>1,10<1,10>=1,10<=1);
    printf("%d %d\n",10==1,10!=1);
    printf("%d\n",10>5>1);
}
```

9. 熟悉逻辑运算符的运算规则，如表 2-14 所示。

表 2-14　逻辑运算符的运算规则

运算符名称	运 算 符	运 算 规 则
非	!	!1==0，!0==1
与	&&	1&&1==1，1&&0==0，0&&1==0，0&&0==0
或	||	1||1==1，1||0==1，0||1==1，0||0==0

表 2-15 所示为一些逻辑表达式书写示例。

表 2-15　逻辑表达式书写示例

逻辑表达式条件	示 例
三角形三条边	a+b>c&&a+c>b&&b+c>a
闰年	year%4==0&&year%100!=0||year%400==0
y 是一个大于 100 的偶数	y>100&&y%2==0

逻辑表达式条件	示　例
ch 是大写英文字母	ch>='A'&&ch<='Z'
ch 是英文字母	ch>='A'&&ch<='Z'||ch>='a'&&ch<='z'

练习实例：x 的取值范围为闭区间[-10,10]，请书写表示 x 的取值范围的逻辑表达式。

10. 编写程序，掌握逻辑运算符的运算规则，理解短路与、短路或运算。

练习实例：（2-22.c）

```c
#include<stdio.h>
void main(){
    int a=0,b=1,c=2;
    printf("表达式1执行：\n");
    a&&++b&&++c;
    printf("1.a=%d,b=%d,c=%d\n",a,b,c);
    printf("表达式2执行：\n");
    ++b||++a&&++c;
    printf("2.a=%d,b=%d,c=%d\n",a,b,c);
}
```

11. 熟悉条件运算符的运算规则，如表 2-16 所示。

表 2-16　条件运算符的运算规则

条件表达式格式	表达式 1?表达式 2:表达式 3
运　算　规　则	先对表达式 1 进行运算，若表达式 1 的值为非 0，逻辑真，则条件表达式的值为表达式 2 的值，否则为表达式 3 的值
示　　例	(a>b)?a+b:a-b

12. 编写程序，掌握条件运算符的运算规则。

练习实例：（2-23.c）

```c
#include<stdio.h>
void main(){
    int a,b,max;
    printf("请输入两个整数:\n");
    scanf("%d%d",&a,&b);
```

```
    max=(a>b)?a:b;
    printf("两个数中的较大数：%d\n",max);
}
```

13. 熟悉逗号运算符的运算规则，如表 2-17 所示。

表 2-17 逗号运算符的运算规则

逗号表达式格式	表达式 1,表达式 2,…,表达式 n
运 算 规 则	从左向右计算各个表达式的值，整个逗号表达式的结果是最后一个表达式的值，即表达式 n 的值
示 例	a=2*7,a*8,a+17

14. 编写程序，掌握逗号运算符的运算规则，理解逗号运算符是运算优先级最低的。
练习实例：（2-24.c）

```
#include<stdio.h>
void main(){
    int a,b,c;
    a=c=0,c+12,b=c;
    printf("1.a=%d,b=%d,c=%d\n",a,b,c);
    b=(c=3,c+7);
    printf("2.a=%d,b=%d,c=%d\n",a,b,c);
    b=(a=2*7,a*8,a+17);
    printf("3.a=%d,b=%d,c=%d\n",a,b,c);
}
```

15. 熟悉运算符的优先级和结合性。优先级如表 2-18 所示，从上到下逐渐降低；同一优先级的运算符，运算次序一般从左向右结合。

表 2-18 运算符的优先级

序 号	运 算 符	说 明
1	()、[]、->、.、!、+、-	圆括号、方括号、指针、成员、逻辑非、正、负
2	++、--、* 、&、~、!	单目运算符
3	*、/、%	算术运算符
4	+、-	
5	<<、>>	位运算符
6	<、<=、>、>=	关系运算符
7	==、!=	
8	&、^、|	位与、位异或、位或
9	&&	逻辑与
10	||	逻辑或
11	?、:	条件运算符

续表

序 号	运 算 符	说 明
12	/=、%=、&=、|=、=	赋值运算符
13	=、+=、-=、*=	
14	,	逗号运算符

16. 编写程序，理解运算符优先级的比较方法。

练习实例：（2-25.c）

```c
#include<stdio.h>
void main(){
    int a=1,b=2,x,y;
    x=b*a++;
    printf("a=%d,b=%d,x=%d\n",a,b,x);
    y=++a+b;
    printf("a=%d,b=%d,y=%d\n",a,b,y);
    a+=b;
    printf("a=%d,b=%d\n",a,b);
    b-=a;
    printf("a=%d,b=%d\n",a,b);
}
```

046

【实训小结】

完成如表 2-19 所示的实训小结。

表 2-19　实训小结

知识巩固	1. 当 x=10，y=1.23，z=10*x−y/100 时，计算 z 的值。 2. 当 a=5，b=2，c=a%b 时，计算 c 的值。 3. 当 a=100，b=30，c=36 时，计算 !a>b&&c<a 的值
问题总结	
收获总结	
拓展提高	编写程序，在党史知识学习系统中实现统计答题得分和答题次数

自我评价与考核

完成如表 2-20 所示的自我评价与考核表。

表 2-20 自我评价与考核表

评测内容：	常量、变量、类型转换、printf()函数、scanf()函数、运算符、表达式、运算符优先级和结合性规则		
完成时间：	完成情况：	□优秀□良好□中等□合格□不合格	
序　号	知 识 点	自 我 评 价	教 师 评 价
1	整型常量的 3 种形式（十进制、八进制、十六进制）与使用方法		
2	实型常量的小数形式和指数形式		
3	字符常量的书写方法		
4	字符串常量的书写方法及用途		
5	转义字符常量的使用方法及其与字符常量的对应关系		
6	认识符号常量的定义方法与使用方法		
7	整型变量的存储空间大小、数据溢出现象与使用方法		
8	实型变量存储的数据与使用方法		
9	字符变量存储的数据与使用方法		
10	自动类型转换发生的位置，强制类型转换方法及在程序中正确运用类型转换方法		
11	格式控制符含义，格式控制符与输入/输出数据的对应关系与使用方法		
12	printf()函数的格式、输出数据的形式及在程序中正确设计输出语句的方法		
13	scanf()函数的格式、变量的地址及在程序中正确设计输入语句的方法		
14	算术运算符、关系运算符、逻辑运算符的运算规则及在程序中根据问题编写表达式的方法		
15	赋值运算符、条件运算符、逗号运算符的运算规则及在程序中的正确使用方法		
16	各种运算符配合使用的方法，以及运算符优先级和结合性规则		
需要改进的内容：			

习题 2

一、填空题

1. C 语言中的基本数据类型可分为＿＿＿＿＿＿型、＿＿＿＿＿＿型和＿＿＿＿＿＿型。

2. 常量与变量的区别是＿＿＿＿＿＿＿＿＿＿＿＿＿＿＿＿＿＿＿＿＿＿＿＿＿＿＿＿＿＿＿＿＿＿＿。

3. 整型常量的 3 种形式是＿＿＿＿进制、＿＿＿＿进制和＿＿＿＿进制。

4. 实型常量的两种格式是＿＿＿＿形式和＿＿＿＿形式。

5. 字符常量有＿＿＿＿常量、＿＿＿＿常量和＿＿＿＿常量。

6. C 语言中的符号常量用＿＿＿＿＿＿＿＿＿命令来定义。

7. 若有整型变量 a=12，n=5，则执行表达式 "a%=(n%=2)" 后，a 的值是＿＿＿＿＿＿＿。

8. 若有整型变量 a，则表达式 "a=2,b=5,a++,b++,a+b" 的值是＿＿＿＿＿＿＿。

9. 若有 "double x=3.5,y=3.2;"，则表达式 "(int)x*1.5" 的值是＿＿＿＿＿＿＿。

二、选择题

1. 以下叙述错误的是（　　）。

　　A．C 语言不区分英文字母大小写

　　B．不同类型的变量可以在同一个表达式中

　　C．赋值运算符（=）左侧只能是变量

　　D．强制类型转换可以转换数据的类型

2. 如果在同一个表达式中出现了 int、float、double 类型的变量，则表达式的结果是（　　）类型的。

　　A．int　　　　　　　　　　　　B．float

　　C．double　　　　　　　　　　D．以上都不正确

3. C 语言中的标识符只能是由（　　）字符组成的。

　　A．大小写英文字母、0～9 范围内的数字、下画线（_）

　　B．大小写英文字母、0～9 范围内的数字、下画线（_）、$

　　C．大小写英文字母、0～9 范围内的数字、下画线（_）、$、&

　　D．以上都不正确

4. 字符常量在内存中存储的是该字符的（　　）。

　　A．BCD 码　　　　　　　　　　B．机内码

　　C．UTF 编码　　　　　　　　　D．ASCII 码

5. 以下程序的输出结果是（　　）。

```
#define M 100
#define N M+3
```

```
#include<stdio.h>
void main(){
    int i=2,j;
    j=i*N*M;
    printf("%d",j);
}
```

    A．200600   B．800

    C．500   D．2006

6．以下选项中，不正确的赋值语句是（   ）。

    A．t=10;   B．n1=(n2=(n3=0));

    C．k=i==j;   D．a=b=1=c;

7．若有"double a=15,b=7;"，则以下语句不正确的是（   ）。

    A．a+=b   B．a*=b

    C．a/=b   D．a%=b

8．若有"int a;"，则 a 的取值范围是（   ）。

    A．0～255

    B．−32768～32767

    C．−2147483648～2147483647

    D．以上都不正确

9．若有"int p,q;p=q=7;"，则执行表达式"p=q++,p++,++q"后，p 的值是（   ）。

    A．7   B．8

    C．9   D．10

10．若有"int p=10,q=3;double i=3;"，则表达式"p/q"与"p/i"的值（   ）。

    A．相同   B．不同

    C．不确定   D．没有值

11．以下程序的输出结果是（   ）。

```
#include<stdio.h>
void main(){
    char c='z';
    printf("%c",c-25);
}
```

    A．a   B．Z

    C．z−25   D．y

12．已知字母 A 的 ASCII 码是 65，以下程序的输出结果是（   ）。

```
#include<stdio.h>
void main(){
```

```
    char c1='A',c2='Y';
    printf("%d,%d\n",c1,c2);
}
```

  A．A,Y   B．65,65

  C．65,90   D．65,89

13．若有"int a;"，则输入 a 的值的语句可写为（　　）。

  A．scanf("%d",&a);   B．scanf("%lf",&a);

  C．scanf("%d",a);   D．scanf("%d",%a);

14．若有"int a;float b;double c;char d;"，则输入 a、b、c、d 的值的语句可写为（　　）。

  A．scanf("%d%d%d%d",&a,&b,&c,&d);

  B．scanf("%d%f%lf%c",&a,&b,&c,&d);

  C．scanf("%f%f%f%f",&a,&b,&c,&d);

  D．scanf("%c%c%c%c",&a,&b,&c,&d);

15．若有"int a;float b;double c;char d;"，则输出 a、b、c、d 的值的语句可写为（　　）。

  A．printf("%d%d%d%d",a,b,c,d);

  B．printf("%d%f%lf%c",a,b,c,d);

  C．printf("%f%f%f%f",a,b,c,d);

  D．printf("%c%c%c%c",a,b,c,d);

三、编程题

1．编写程序，将变量 a、b 的值交换后输出。

2．编写程序，实现输入华氏温度，转换成摄氏温度并输出。（c 表示摄氏温度，f 表示华氏温度，$c=5/9*(f-32)$）

3．编写程序，实现输入圆的半径，计算圆的周长和面积并输出。

实训小结与易错点分析

  C 语言程序的基础是各种类型的数据和数据的运算。数据表现形式有常量、变量、表达式等，运算包括算术运算、关系运算、逻辑运算等。掌握了数据与数据的运算才能编写出正确的程序。

  编写程序时需要注意的内容如下。

  （1）变量要先定义才能使用。不定义变量，程序编译时报错误信息"error C2065: 'b' : undeclared identifier"。在使用变量之前定义该变量即可，如"int b;"。

  （2）C 语言区分英文字母大小写，如 num 和 Num 是不同的变量名，误将 Num 写成 num，程序编译时报错误信息"error C2065: 'num' : undeclared identifier"。

（3）变量在内存中所占的空间大小因数据类型的不同而不同，如程序：

```
#include<stdio.h>
void main(){
    int a;
    double b=1.23;
    a=b;
}
```

双精度类型数据赋给整型变量会造成小数部分丢失，程序编译时报警告信息"warning C4244: '=' : conversion from 'double ' to 'int ', possible loss of"，将 a 的数据类型改为 double，可避免这一问题。

（4）给变量赋的值超出变量的取值范围时，会发生数据溢出现象，程序编译时报警告信息"warning C4307: '*' : integral constant overflow"。

（5）算术运算符/两侧的数据都为整数时，若运算结果也是整数，如 1/2=0，则会使程序运行结果错误。因此，需注意/两侧的数据是否会影响结果。

（6）不要在求余运算符（%）两侧写实数，否则程序编译时报错误信息"error C2297: '%' : illegal, right operand has type 'const double'"。

（7）++和--运算符只能用在变量上，不能用在常量上；前置自增、自减运算符和后置自增、自减运算符的运算次序不同；要注意++和--运算符的位置。

（8）赋值运算符（=）左侧只能是变量，若=左侧为常量或表达式，则程序编译时报错误信息"error C2106: '=' : left operand must be l-value"。

（9）赋值运算符两侧数据的类型不同时，需要把右侧表达式的类型转换成左侧变量的类型，但这可能会导致数据失真，或者精度降低。所以，自动类型转换并不一定是安全的。对于不安全的类型转换，编译器一般会给出警告。

（10）符号常量也是常量，在程序运行中不能修改，如程序中有命令"#define N 10"，再出现语句"N=20;"，程序编译时报错误信息"error C2106: '=' : left operand must be l-value"。

（11）取得变量地址用符号&，该符号不能用于常量，如程序中有"&10"，程序编译时报错误信息"error C2101: '&' on constant"。

（12）在输入/输出语句中，格式控制符要与输入/输出的对象保持数量、次序、数据类型的一一对应，如程序：

```
#include<stdio.h>
void main(){
    int a=1;
    float b=1;
    char c='1';
    printf("%f,%c,%f\n",a,b,c);
}
```

程序运行结果不正确。

要按变量 a、b、c 的次序写格式控制符，即改为 "scanf("%d%f%c",&a,&b,&c);"。

（13）运行中输入数据时要与输入语句中格式控制串的分隔符一致，如执行语句 "scanf("%d,%d,%d",&a,&b,&c);"，在程序运行窗口中输入 3 个整数 1 2 3（数字的分隔符不是,)，程序运行结果不正确，输入 1,2,3 才正确。

（14）不能定义输入数字的精度，如不可以写 "scanf("%.3d",&a);" 这样的输入语句。例如，输入语句 "scanf ("%4d%3d",&a,&b);"，在执行时，如果用户输入一个 7 位以上的数字，系统会按次序截取 4 位赋给 a，截取 3 位赋给 b；如果用户输入一个 4 位以上 7 位以下的数字，系统会按次序截取 4 位赋给 a，剩余部分赋给 b；如果用户输入一个 4 位以下的数字，不能满足程序的执行要求，需要再输入一位数字才能让程序执行下去。

（15）&&和||运算符会出现短路现象，如当 a=0 时，"a&&++b&&++c;" 中的 "++b" 和 "++c" 不执行；当 b≥0 时，"++b||++a&&++c;" 中的 "++a" 和 "++c" 不执行，会影响程序运行结果。

（16）逗号运算符的优先级低于赋值运算符，"a=c+10,29,b+c" 和 "a=(c+10,29,b+c)" 不同。

第**3**章

程序流程控制

学习任务

❖ 掌握程序流程图设计方法。

❖ 掌握基本语句的书写方法。

❖ 掌握结构化程序的 3 种基本结构。

❖ 掌握 C 语言程序的条件语句、循环语句和循环控制语句。

❖ 掌握 C 语言程序的算法分析与设计方法。

实训任务

实训 3-1 程序流程图设计

【实训学时】1 学时

【实训目的】

1．认识常用的流程图符号。

2．掌握设计 3 种基本结构程序流程图的方法。

3．掌握分析问题的方法，可以用传统流程图表示程序执行过程。

【实训内容】

1．熟悉常用的流程图符号，如表 3-1 所示。

表 3-1　常用的流程图符号

流程图符号	说　　明	作　　用
⬭	椭圆形的起止框	表示程序的开始与结束

流程图符号	说　明	作　用
平行四边形	平行四边形的输入/输出框	表示程序的输入/输出操作
矩形	矩形的执行框	表示程序的数据处理步骤
菱形	菱形的判断框	表示程序中的判断条件
圆形	圆形的连接点	表示程序中的接口
→	流程线	表示程序执行方向

2．熟悉顺序结构程序流程图，如图 3-1 所示。

3．已知一道选择题，设计输出题目和实现答题功能的程序流程图，如图 3-2 所示。

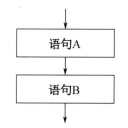

图 3-1　顺序结构程序流程图

图 3-2　输出题目和答题程序流程图

4．熟悉单分支选择结构程序流程图，如图 3-3 所示。

5．已知一道选择题，答案正确加 1 分，错误不加分，设计程序流程图，如图 3-4 所示。

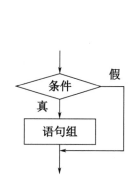

图 3-3　单分支选择结构程序流程图

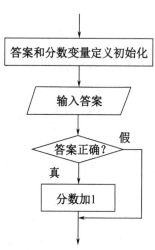

图 3-4　判断选择题正误程序流程图

6．熟悉双分支选择结构程序流程图，如图 3-5 所示。

7．已知一道选择题，回答正确提示"答对了，真棒！"，加 1 分；否则提示"答错了，加油！"，不加分，设计程序流程图，如图 3-6 所示。

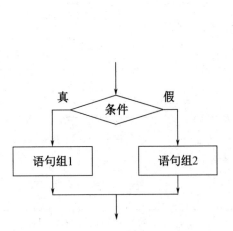

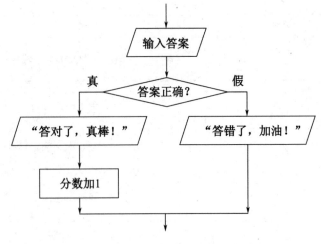

图 3-5　双分支选择结构程序流程图　　　　图 3-6　提示选择题回答正误程序流程图

8．熟悉多分支选择结构程序流程图，如图 3-7 所示。

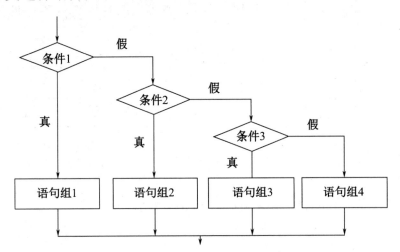

图 3-7　多分支选择结构程序流程图

9．系统根据分数判断选手成绩等级。

（1）分数≥90，等级为优秀；

（2）80≤分数<90，等级为良好；

（3）70≤分数<80，等级为中等；

（4）60≤分数<70，等级为合格；

（5）分数<60，等级为不合格。

设计程序流程图，如图 3-8 所示。

10．熟悉循环结构程序流程图，如图 3-9 和图 3-10 所示。

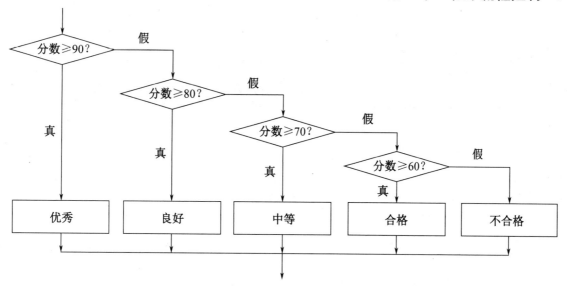

图 3-8　成绩等级判断程序流程图

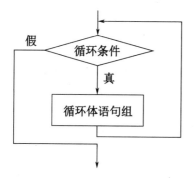

图 3-9　当型循环结构程序流程图

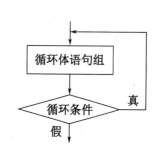

图 3-10　直到型循环结构程序流程图

11. 竞赛有 3 次答题机会，超过 3 次自动退出，设计程序流程图，如图 3-11 所示。

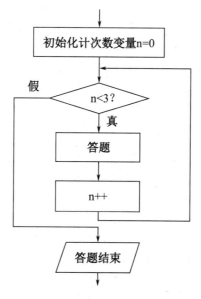

图 3-11　3 次答题机会程序流程图

【实训小结】

完成如表 3-2 所示的实训小结。

表 3-2　实训小结

知识巩固	1. 设计程序流程图，实现输入一个三位整数，按逆序输出。 2. 设计程序流程图，实现输入任意年份，判断是否为闰年并输出。 3. 设计程序流程图，输出在 100～999 范围内的所有"水仙花数"，所谓"水仙花数"，是指一个三位数的各位数字立方和等于该数本身。例如，153 是一个"水仙花数"，因为 $1^3+5^3+3^3=153$
问题总结	
收获总结	
拓展提高	为党史知识学习系统设计竞赛流程图，统计每次答题得分，答题次数超过 3 次自动退出

实训 3-2　顺序结构程序设计

【实训学时】1 学时

【实训目的】

1. 掌握基本语句的书写方法。

2. 掌握顺序结构程序的分析方法。

3. 掌握顺序结构程序的书写方法。

【实训内容】

1. 熟悉声明语句格式，如表 3-3 所示。

表 3-3　声明语句格式

声 明 语 句	格　　式	示　　例
格式 1	数据类型 变量名 1[,变量名 2,…,变量名 n];	double x,y;
格式 2	数据类型 变量名 1=变量值 1[,变量名 2=变量值 2,变量值 3,…,变量值 n];	char c1='a',c2;

2. 编写程序，掌握声明变量的书写方法，理解变量先声明后使用的原则。

练习实例：（3-1.c）

```
#include<stdio.h>
void main(){
    int a,b;
    float x=21,y;
    char c;
    a=b=37;
    printf("1.a=%d,b=%d\n",a,b);
    y=10.4f;
    printf("2.x=%f,y=%f\n",x,y);
    c='9';
    printf("3.c=%c\n",c);
}
```

3. 编写程序，熟悉表达式语句格式，掌握程序中书写表达式的方法，理解表达式语句的执行过程。

练习实例：（3-2.c）

```
#include<stdio.h>
void main(){
    int n,n1,n2,n3;
    printf("请输入一个3位正整数：");
```

```
scanf("%d",&n);
n1=n/100;
n2=n/10%10;
n3=n%10;
printf("逆序输出这个数为%d\n",n3*100+n2*10+n1);
}
```

4．熟悉输入/输出字符和字符串函数格式，如表 3-4 所示。

表 3-4　输入/输出字符和字符串函数格式

函 数 名	说 明	格 式	示 例
getchar()	单字符输入函数	字符变量=getchar();	char ch; ch=getchar();
gets()	字符串输入函数	gets(数组名);	char ch[10]; gets(ch);
putchar()	单字符输出函数	putchar(字符);	putchar(ch);
puts()	字符串输出函数	puts(数组名);	puts(ch);

5．编写程序，掌握输入函数的使用方法，理解登录程序功能的实现过程。

练习实例：（3-3.c）

```
#include<stdio.h>
void main(){
    char ch;
    char userName[8];
    char passWord[6];
    printf("请输入用户名：");
    gets(userName);
    printf("请输入6位密码：");
    gets(passWord);
    printf("你的用户名：%s\n",userName);
    printf("你的密码：%s\n",passWord);
    printf("继续请输入Y/y:");
    ch=getchar();
    printf("程序继续执行...\n");
    printf("退出请输入N/n:");
    ch=getchar();
    printf("程序运行结束\n");
}
```

6. 编写程序，掌握输出函数的使用方法。

练习实例：（3-4.c）

```c
#include<stdio.h>
void main(){
    char ch1,ch2[10];
    printf("请输入一个字符：");
    ch1=getchar();
    printf("你输入的字符：");
    putchar(ch1);
    putchar('\n'); //输出换行符
    putchar(10); //输出换行符
    printf("请输入一个字符串：");
    gets(ch2);
    printf("你输入的字符串：");
    puts(ch2);
}
```

7. 熟悉返回语句格式，如表 3-5 所示。

表 3-5 返回语句格式

返 回 语 句	格 式	示 例
格式 1	return;	return;
格式 2	return 结果;	return 0; return max; return a+b;

8. 编写程序，理解 return 在程序中执行的特点。

练习实例：（3-5-1.c）

```c
#include<stdio.h>
void main(){
    printf("    ****\n");
    printf("   ***\n");
    printf("  **\n");
    printf(" *\n");
}
```

练习实例：（3-5-2.c）

```c
#include<stdio.h>
void main(){
    printf("    ****\n");
```

```
    printf("  ***\n");
    return;
    printf("  **\n");
    printf("  *\n");
}
```

9. 熟悉复合语句格式，如表 3-6 所示。

表 3-6　复合语句格式

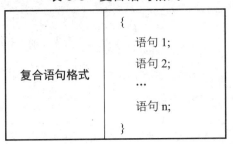

复合语句格式	{
	　　语句 1;
	　　语句 2;
	　　…
	　　语句 n;
	}

10. 编写程序，理解程序中复合语句块中声明变量的作用域范围。

练习实例：（3-6.c）

```
#include<stdio.h>
void main(){
    int a=3,b=2,c=1;
    printf("1.a=%d,b=%d,c=%d\n",a,b,c);
    {
        int b=5;
        int c=12;
        printf("2.a=%d,b=%d,c=%d\n",a,b,c);
    }
    printf("3.a=%d,b=%d,c=%d\n",a,b,c);
}
```

【实训小结】

完成如表 3-7 所示的实训小结。

表 3-7 实训小结

知识巩固	1. 声明整型变量 a、b、c，声明双精度类型变量 x、y、z，声明字符型变量 c1、c2、c3。 2. 输入单字符 c1、c2、c3，输出单字符 c1、c2、c3。 3. 输入小写英文字母，转换成大写输出
问题总结	
收获总结	
拓展提高	为党史知识学习系统设计 100 道选择题的答题程序，要求输出题目，输入正确的选项

实训 3-3 选择结构程序设计

【实训学时】2 学时

【实训目的】

1. 掌握单分支选择结构语句 if 的书写方法，并使用 if 语句设计单分支选择结构程序。

2. 掌握双分支选择结构语句 if…else 的书写方法，并使用 if…else 语句设计双分支选择结构程序。

3. 掌握多分支选择结构语句 if…else if 的书写方法，并使用 if…else if 语句设计多分支选择结构程序。

4. 掌握多分支选择结构语句 switch 的书写方法，并使用 switch 语句设计多分支选择结构程序。

【实训内容】

1. 熟悉单分支选择结构（if 语句），如表 3-8 所示。

表 3-8 单分支选择结构（if 语句）

单分支选择结构（if 语句）流程图	格　式	执 行 过 程

	if(条件表达式)
	{
	　　语句组;
	}
		先判断条件表达式是否为真，若为真，则执行其后的语句组，否则什么也不执行

2. 编写程序，掌握 if 语句格式，理解英文字母大小写的判断方法，实现英文字母大小写的相互转换。

练习实例：（3-7.c）

```c
#include<stdio.h>
#include<conio.h>
void main(){
    char ch1,ch2,c;
    printf("请输入一个大写英文字母：");
    ch1=getchar();
    if(ch1>='A'&&ch1<='Z')
        ch1=ch1+32;
    printf("转换成小写形式：%c\n",ch1);
```

```
        printf("继续请输入Y/y:");
        c=getch();
        c=getchar();
        printf("请输入一个小写英文字母：");
        ch2=getchar();
        if(ch2>='a'&&ch2<='z')
            ch2=ch2-32;
        printf("转换成大写形式：%c\n",ch2);
    }
```

3．熟悉双分支选择结构（if…else 语句），如表 3-9 所示。

表 3-9　双分支选择结构（if…else 语句）

双分支选择结构（if…else 语句）流程图	格　　式	执　行　过　程

	if(条件表达式){
	　　语句组 1；
	}else{
	　　语句组 2；
	}
		先判断条件表达式是否为真，若为真，则执行语句组 1，否则执行语句组 2

4．编写程序，掌握 if…else 语句格式，理解答对题加 1 分、答错题不扣分功能的实现方法。

练习实例：（3-8.c）

```
#include<stdio.h>
#include<string.h>
void main(){
    char answer[1];
    int score=0;
    printf("1.(      )拉开了中国新民主主义革命的帷幕。\n");
    printf("A.新文化运动\n");
    printf("B.五四运动\n");
    printf("C.中国共产党成立\n");
    printf("D.五卅运动\n");
    gets(answer);
    if(strcmp(answer,"B")==0||strcmp(answer,"b")==0){
        printf("答对了，真棒！\n");
        score++;
    }else{
        printf("答错了，加油！\n");
    }
}
```

5. 编写程序，熟悉多分支选择结构（if…else if 语句），如表 3-10 所示。

表 3-10　多分支选择结构（if…else if 语句）

多分支选择结构（if…else if 语句）流程图	

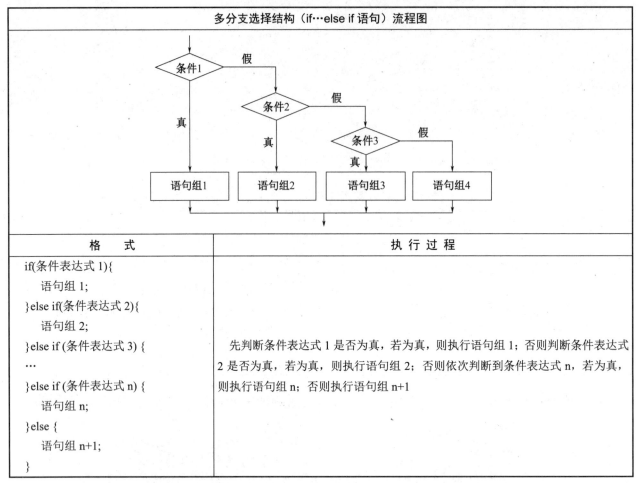

格　　式	执 行 过 程

if(条件表达式 1){
　　语句组 1;
}else if(条件表达式 2){
　　语句组 2;
}else if (条件表达式 3) {
…
}else if (条件表达式 n) {
　　语句组 n;
}else {
　　语句组 n+1;
}
	先判断条件表达式 1 是否为真，若为真，则执行语句组 1；否则判断条件表达式 2 是否为真，若为真，则执行语句组 2；否则依次判断到条件表达式 n，若为真，则执行语句组 n；否则执行语句组 n+1

6. 编写程序，掌握 if…else if 语句格式，理解多分支选择结构程序的设计方法。

练习实例：（3-9.c）

```
#include<stdio.h>
void main(){
    char ch;
    printf("请输入一个字符：");
    ch=getchar();
    if(ch>='A'&&ch<='Z')
        printf("该字符是大写英文字母\n");
    else if(ch>='a'&&ch<='z')
        printf("该字符是小写英文字母\n");
    else if(ch>='0'&&ch<='9')
        printf("该字符是数字\n");
    else
        printf("该字符是其他字符\n");
}
```

7．编写程序，掌握应用多分支选择结构（if…else if 语句）解决实际问题的方法。

练习实例：（3-10.c）

```c
#include<stdio.h>
void main(){
    int score;
    scanf("%d",&score);
    if(score>=90)
        printf("党史知识竞赛成绩等级：优秀！\n");
    else if(score>=80)
        printf("党史知识竞赛成绩等级：良好！\n");
    else if(score>=70)
        printf("党史知识竞赛成绩等级：中等！\n");
    else if(score>=60)
        printf("党史知识竞赛成绩等级：合格！\n");
    else
        printf("党史知识竞赛成绩等级：不合格！\n");
}
```

8．熟悉 switch 多分支选择结构（switch 语句），如表 3-11 所示。

表 3-11　多分支选择结构（switch 语句）

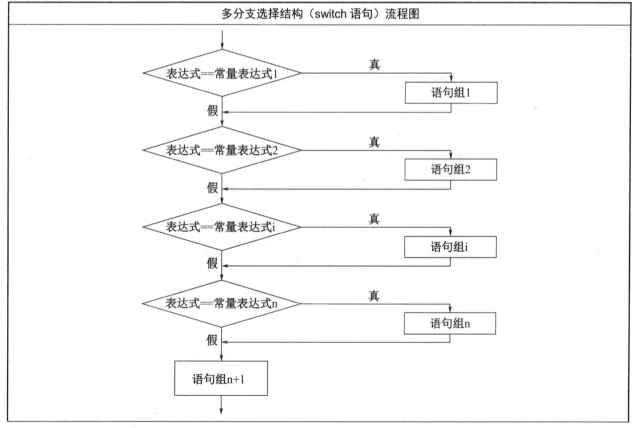

续表

格　式	执 行 过 程

switch(表达式)
　{
　　case 常量 1:
　　　语句 1 或空语句;
　　case 常量 2:
　　　语句 2 或空语句;
　　…
　　case 常量 n:
　　　语句 n 或空语句;
　　default:
　　　语句 n+1 或空语句;
　}
	将常量表达式的值逐个与 case 后的常量进行比较,若与其中一个相等,则执行该常量下的语句,并继续依次执行其他语句;若没有任何一个常量和常量表达式相等,则执行 default 后面的语句

9. 编写程序,掌握 switch 语句的应用方法,理解 switch 语句执行特点。

练习实例:(3-11-1.c)

```c
#include<stdio.h>
void main(){
    char grade;
    printf("请输入成绩等级：");
    grade=getchar();
    switch(grade){
        case 'A':
            printf("分数在90～100范围内\n");
        case 'B':
            printf("分数在80～89范围内\n");
        case 'C':
            printf("分数在70～79范围内\n");
        case 'D':
            printf("分数在60～69范围内\n");
        case 'E':
            printf("分数在0～59范围内\n");
    }
}
```

练习实例:(3-11-2.c)

```c
#include<stdio.h>
void main(){
    char grade;
    printf("请输入成绩等级：");
```

```
        grade=getchar();
        switch(grade){
            case 'A':
                printf("分数在90~100范围内\n");
                break;
            case 'B':
                printf("分数在80~89范围内\n");
                break;
            case 'C':
                printf("分数在70~79范围内\n");
                break;
            case 'D':
                printf("分数在60~69范围内\n");
                break;
            case 'E':
                printf("分数在0~59范围内\n");
                break;
        }
    }
```

10．熟悉 switch 语句应用方法的相关结论。

（1）switch 后的表达式的值可以是整型和字符型数据，不可以是其他类型数值。

（2）case 分支的数量不限且无次序要求，default 关键字可以不在 switch 语句中出现。

（3）每个分支后可以是语句体，但不需要使用{}括起来。

（4）只要一个分支执行，其下面的所有分支都要执行，所以在每个分支结束时，需添加 break 关键字，表示在得到正确的结果后结束。

（5）并不是每个 case 后面都必须有语句。在两个或两个以上不同条件要执行相同的操作时，可以节省前面分支里的语句，仅保留最后一个分支里的语句。程序执行时，从第一次条件匹配的 case 分支开始往下执行，直到语句"break;"结束。

（6）switch 语句与 if…else 语句一样，也可以嵌套实现一些较为复杂的程序。

11．编写程序，掌握 switch 语句应用方法的相关结论，理解 switch 语句在解决实际问题时的应用。

练习实例：（3-12.c）

```
#include<stdio.h>
void main(){
    float num;
    char grade;
    printf("请输入学生成绩: ");
```

```c
        scanf("%f",&num);
num/=10;
switch((int)num){
    case 10:
    case 9: grade='A'; break;
    case 8: grade='B'; break;
    case 7: grade='C'; break;
    case 6: grade='D'; break;
    case 5:
    case 4:
    case 3:
    case 2:
    case 1:
    case 0:grade='E';break;
  }
printf("学生成绩等级%3c\n",grade);
}
```

【实训小结】

完成如表 3-12 所示的实训小结。

表 3-12　实训小结

知识巩固	1. 编写程序，输入一个整数，输出其绝对值。 2. 编写程序，输入一个整数，若该整数大于 0，则输出"正数"，否则输出"不大于 0"。 3. 编写程序，输入身高和体重，判断身材，进行相应输出。 　　身体质量指数（Body Mass Index，BMI）是与体内脂肪总量密切相关的指标，主要反映全身性体重状态。由于 BMI 计算的是身体脂肪的比例，所以在身体因超重而面临心脏病、高血压等风险认定上，比单纯以体重来认定更具有准确性。BMI=体重/身高^2，单位为 kg/m^2。以成年人为例，其值为 18.5 以下，体重偏低；18.5 及以上、25 及以下，健康体重；25 以上、30 及以下，超重；30 以上、40 及以下，严重超重；40 以上，极度超重
问题总结	
收获总结	
拓展提高	为党史知识学习系统设计判断选择题答案程序，若答案正确，则加 1 分，提示"答对了，真棒！"；否则提示"答错了，加油！"

实训 3-4　循环结构程序设计

【实训学时】2 学时

【实训目的】

1．掌握循环结构程序特点。

2．掌握 while 语句的书写方法，并使用 while 语句设计循环结构程序。

3．掌握 for 语句的书写方法，并使用 for 语句设计循环结构程序。

4．掌握 do…while 语句的书写方法，并使用 do…while 语句设计循环结构程序。

【实训内容】

1．熟悉循环结构，如表 3-13 所示。

表 3-13　循环结构

循环结构流程图	实 现 语 句	格　式

	while 语句	while(表达式){
		　　循环体;
		}

	for 语句	for (表达式 1; 表达式 2; 表达式 3){
		　　循环体;
		}

	do…while 语句	do{ 　　循环体; }while(表达式);

2．熟悉循环结构四要素，如表 3-14 所示。

表 3-14　循环结构四要素

循 环 要 素	作　用
循环初始化	展示循环的最初状态
循环条件	定义循环执行时要满足的条件
循环体语句组	给出重复执行的操作步骤
改变循环条件的语句	改变控制循环条件的变量

3．理解循环四要素在循环语句中的应用，如表 3-15 所示。

表 3-15　循环四要素在循环语句中的应用

循 环 语 句	循环四要素排列顺序	

while 语句	循环初始化
	
	while(循环条件){
	
	　循环体语句组
	
	　改变循环条件的语句
	
	}	

	执行 过程	①循环初始化； ②判断循环条件是否为真； ③若为真，则执行循环体语句组； ④执行改变循环条件的语句； ⑤再次判断循环条件是否为真，若为真，则反复执行③④⑤； ⑥直到循环条件为假，该循环过程结束

for 语句	for(循环初始化 ; 循环条件 ; 改变循环条件的语句){
	
	　循环体语句组
	
	}	

	执行 过程	①循环初始化； ②判断循环条件是否为真； ③若为真，则执行循环体语句组； ④执行改变循环条件的语句； ⑤再次判断循环条件是否为真，若为真，则反复执行③④⑤； ⑥直到循环条件为假，该循环过程结束
do…while 语句	循环初始化 do{ 　循环体语句组 　改变循环条件的语句 }while(循环条件);	
	执行 过程	①循环初始化； ②执行循环体语句组； ③执行改变循环条件的语句； ④判断循环条件是否为真； ⑤若为真，则反复执行②③④； ⑥若为假，该循环过程结束

4．编写程序，用 while 语句实现计算 1+2+3+…+100 的值。

循环初始化： i=1,sum=0

循环条件： i<=100

循环体语句组： sum=sum+i

改变循环条件的语句： i++

练习实例：（3-13.c）

```c
#include<stdio.h>
void main(){
    int i=1,sum=0;              //循环初始化
    while(i<=100){             //循环条件
        sum=sum+i;            //循环体
        i++;                   //改变循环条件
    }
    printf("1+2+3+…+100=%d\n",sum);
}
```

5．编写程序，用 for 语句实现计算 1+2+3+…+100 的值。

练习实例：（3-14.c）

```c
#include<stdio.h>
void main(){
    int i,sum=0;
    for(i=1;i<=100; i++)
        sum=sum+i;       //循环体
    printf("1+2+3+…+100=%d\n",sum);
}
```

6．编写程序，用 do…while 语句实现计算 1+2+3+…+100 的值。

练习实例：（3-15.c）

```c
#include<stdio.h>
void main(){
    int i=1,sum=0;
    do{
        sum=sum+i;       //循环体
        i++;
    }while(i<=100);
    printf("1+2+3+…+100=%d\n",sum);
}
```

7. 编写程序，用 while 语句实现其他循环。输入若干学生的成绩，当输入数字为-1 时结束，计算学生成绩的平均值。

循环初始化：　　　输入第一名学生的成绩 score，统计学生人数变量 n=0

循环条件：　　　score!=-1

循环体语句组：　　sum=sum+score　　　n++

改变循环条件的语句：　　输入下一名学生的成绩 score

练习实例：（3-16.c）

```c
#include<stdio.h>
void main(){
    int score,sum=0;
    double ave;
    int n=0;//人数
    printf("请输入学生的成绩：");
    scanf("%d",&score);
    while(score!=-1){
        sum=sum+score;
        n++;
        scanf("%d",&score);
    }
    ave=(double)sum/n;
    printf("学生平均成绩：%.2lf\n",ave);
}
```

8. 编写程序，用 for 语句实现其他循环。

（1）有一对兔子，从出生后第 3 个月起每个月都生一对兔子，小兔子长到第 3 个月后每个月又生一对兔子，假如兔子都存活，请问每个月的兔子总对数为多少（输出前 20 个月即可）？

兔子总对数的规律为数列 1,1,2,3,5,8,13,21…

循环初始化：　　i=1,f1=f2=1

循环条件：　　i<=20

循环体语句组：　　输出 f1,f2　；　f1=f1+f2　；　f2=f1+f2

改变循环条件的语句：　　i++

练习实例：（3-17.c）

```c
#include<stdio.h>
void main(){
    long f1,f2;
    int i;
```

```
        f1=f2=1;
        for(i=1;i<=20;i++){
            printf("%12ld %12ld",f1,f2);
            if(i%2==0)printf("\n");           //控制输出，每行4个
            f1=f1+f2;                          //将前两个月的兔子总对数加起来赋给第3个月
            f2=f1+f2;                          //将前两个月的兔子总对数加起来赋给第3个月
        }
    }
```

（2）打印出 100～1000 范围内所有的"水仙花数"。

循环初始化：　　　　n=100

循环条件：　　　　n<1000

循环体语句组：　　　分解出百位、十位、个位　判断是不是"水仙花数"

改变循环条件的语句：　　n++

练习实例：（3-18.c）

```c
#include<stdio.h>
void main(){
    int a,b,c,n;
    printf("水仙花数:");
    for(n=100;n<1000;n++){
        a=n/100;
        b=n/10%10;
        c=n%10;
        if(a*100+b*10+c==a*a*a+b*b*b+c*c*c){
            printf("%-5d",n);
        }
    }
    printf("\n");
}
```

9. 编写程序，用 do…while 语句实现其他循环。输入若干字符，分别统计大写英文字母、小写英文字母、数字和其他字符个数。

循环初始化：　　　将统计各种字符个数的变量初始化为 0

循环条件：　　　字符变量 c!='\n'

循环体语句组：　　　输入字符，判断字符分类，相应计数变量自增 1

改变循环条件的语句：　　输入下一个字符

练习实例：（3-19.c）

```c
#include<stdio.h>
void main(){
```

```
        char c;
        int n1,n2,n3,n4;
        n1=n2=n3=n4=0;
        printf("请输入字符：");
        do{
            c=getchar();
            if(c>='A'&&c<='Z')
                n1++;
            else if(c>='a'&&c<='z')
                n2++;
            else if(c>='0'&&c<='9')
                n3++;
            else
                n4++;
        }while(c!='\n');
        printf("大写英文字母个数：%d  ",n1);
        printf("小写英文字母个数：%d  ",n2);
        printf("数字个数：%d  ",n3);
        printf("其他字符个数：%d\n",n4-1);    //因为换行符"/n"也被计入特殊字符，所
以要减1
    }
```

【实训小结】

完成如表 3-16 所示的实训小结。

表 3-16　实训小结

知识巩固	1. 编写程序，输入 10 个整数，输出这 10 个数。 2. 编写程序，输入一串字符，把小写英文字母转换成大写输出。 3. 编写程序，输入 10 个实数，计算平均值
问题总结	
收获总结	
拓展提高	为党史知识学习系统设计竞赛程序，若答题超过 3 次，则退出，显示选手 3 次答题分数，并取最高分数为最终成绩

实训 3-5　循环控制语句设计

【实训学时】1 学时

【实训目的】

1．掌握循环控制语句中的 break 和 continue 的作用。

2．掌握 break 和 continue 应用在 while 循环结构中时，程序的执行特点。

3．掌握 break 和 continue 应用在 for 循环结构中时，程序的执行特点。

4．掌握 break 和 continue 应用在 do…while 循环结构中时，程序的执行特点。

5．掌握在循环结构中使用 break 和 continue 解决相关的问题的方法。

6．了解 goto 语句的执行特点。

【实训内容】

1．熟悉 break 和 continue 的作用，如表 3-17 所示。

表 3-17　break 和 continue 的作用

关 键 字	使用方法	作　　用
break	break;	退出整个循环
continue	continue;	结束正在执行的这一次循环，并进入下一次循环的执行

2．理解 break 在循环结构中的执行特点，如表 3-18 所示。

表 3-18　break 在循环结构中的执行特点

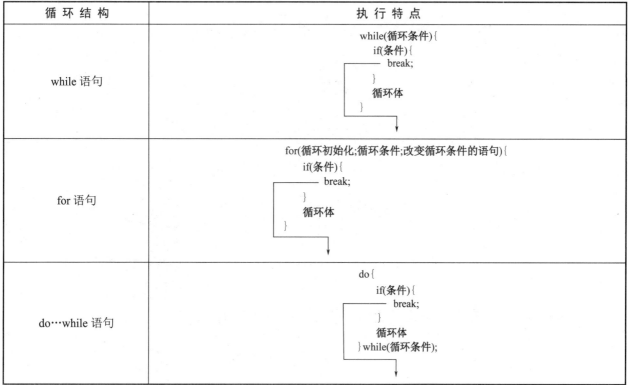

循 环 结 构	执 行 特 点
while 语句	while(循环条件){　　if(条件){　　　　break;　　}　　循环体}
for 语句	for(循环初始化;循环条件;改变循环条件的语句){　　if(条件){　　　　break;　　}　　循环体}
do…while 语句	do{　　if(条件){　　　　break;　　}　　循环体}while(循环条件);

3．将 break 应用在 while 循环结构中，解决实际问题。编写程序，实现输入一个整数，判断该数是不是素数并输出。

练习实例：（3-20.c）

```c
#include<stdio.h>
#include<math.h>
void main(){
    int n,i=2;
    printf("请输入一个整数：");
    scanf("%d",&n);
    while(i<sqrt(n)){
        if(n%i==0)
            break;
        i++;
    }
    if(i>=sqrt(n))
        printf("%d是素数。\n",n);
    else
        printf("%d不是素数。\n",n);
}
```

4．将 break 应用在 for 循环结构中，解决实际问题。编写程序，输出 1～100 范围内的所有素数。

练习实例：（3-21.c）

```c
#include<stdio.h>
#include<math.h>
void main(){
    int i=2,j;
    for(i=2;i<=100;i++){
        for(j=2;j<sqrt(i);j++)
        if(i%j==0)
            break;
        if(j>=sqrt(i))
            printf("%5d",i);
    }
}
```

5．理解 continue 在循环结构中的执行特点，如表 3-19 所示。

表 3-19   continue 在循环结构中的执行特点

循 环 结 构	执 行 特 点
while 语句	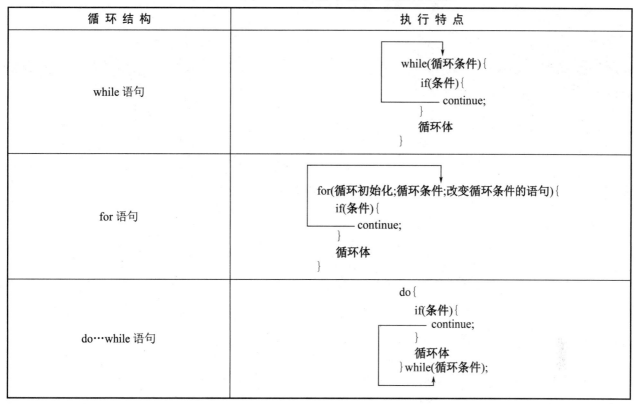
for 语句	
do…while 语句	

6. 将 continue 应用在 for 循环结构中，解决实际问题。编写程序，输出 1～100 范围内的各种数。

练习实例：（3-22-1.c）

```c
#include<stdio.h>
void main(){
    int i;
    for(i=1;i<=100;i++){
        printf("%3d",i);
    }
    printf("\n");
}
```

练习实例：（3-22-2.c）

```c
#include<stdio.h>
void main(){
    int i;
    for(i=1;i<=100;i++){
        if(i%2!=0)
        continue;
        printf("%3d ",i);
    }
```

```
        printf("\n");
    }
```

练习实例：（3-22-3.c）

```
#include<stdio.h>
void main(){
    int i,n=0;
    for(i=1;i<=100;i++){
        if(i%2!=0)
            continue;
            printf("%3d",i);
            n++;
        if(n%5==0)
            printf("\n");
    }
    printf("\n");
}
```

7. 编写程序，熟悉 goto 语句的应用。

练习实例：（3-23.c）

```
#include<stdio.h>
void main(){
    line1:printf("%d\n",1);
    goto line1;
}
```

【实训小结】

完成如表 3-20 所示的实训小结。

表 3-20　实训小结

知识巩固	1. 编写程序，输出 100 以内的所有奇数，用 continue 控制程序执行。 2. 编写程序，计算 1+11+111+1111+11111+…的值，当结果超过 1 亿时结束循环。 3. 编写程序，比较 return 和 break 应用在循环结构中的不同
问题总结	
收获总结	
拓展提高	为党史知识学习系统设计竞赛程序，若选手在答题过程中放弃答题，则程序结束，并给出相应的提示"太遗憾了，再加一点儿油就好了！"

实训 3-6　循环嵌套结构程序设计

【实训学时】1 学时

【实训目的】

1．掌握循环嵌套结构特征。

2．掌握循环嵌套结构程序执行特点。

3．掌握循环嵌套结构程序设计方法。

【实训内容】

1．认识循环嵌套结构程序可解决的问题，如表 3-21 所示，总结循环嵌套结构程序特点。

表 3-21　循环嵌套结构程序可解决的问题

问　　题	结　　构
输出一个由 5 行 5 列*组成的矩形	***** ***** ***** ***** *****
输出一个由 5 行*组成的正立的直角三角形	* ** *** **** *****
输出一个由 5 行*组成的倒立的直角三角形	***** **** *** ** *
输出九九乘法口诀表	1*1=1 1*2=2　2*2=4 1*3=3　2*3=6　3*3=9 1*4=4　2*4=8　3*4=12　4*4=16 1*5=5　2*5=10　3*5=15　4*5=20　5*5=25 1*6=6　2*6=12　3*6=18　4*6=24　5*6=30　6*6=36 1*7=7　2*7=14　3*7=21　4*7=28　5*7=35　6*7=42　7*7=49 1*8=8　2*8=16　3*8=24　4*8=32　5*8=40　6*8=48　7*8=56　8*8=64 1*9=9　2*9=18　3*9=27　4*9=36　5*9=45　6*9=54　7*9=63　8*9=72　9*9=81

循环嵌套结构程序特点如下。

（1）循环嵌套结构程序中规律变化的数据有两个或两个以上；

（2）循环结构的循环体里还有一个循环结构；

（3）需要考虑循环结构四要素。

2. 用循环嵌套结构程序解决实际问题。编写程序，输出 9 个*。

练习实例：（3-24.c）

```c
#include<stdio.h>
void main(){
    int col;
        for(col=1;col<=9;col++){
            printf("*");
        }
    printf("\n");
}
```

3. 用循环嵌套结构程序解决实际问题。编写程序，输出 9 行 9 列*。

练习实例：（3-25.c）

```c
#include<stdio.h>
void main(){
    int row,col;
    for(row=1;row<=9;row++){
        for(col=1;col<=9;col++)
            printf("*");
            printf("\n");
    }
}
```

4. 用循环嵌套结构程序解决实际问题。编写程序，输出一个由 9 行*组成的正立的直角三角形。

练习实例：（3-26.c）

```c
#include<stdio.h>
void main(){
    int row,col;
    for(row=1;row<=9;row++){
        for(col=1;col<=row;col++)
            printf("*");
            printf("\n");
    }
}
```

5. 用循环嵌套结构程序解决实际问题。编写程序，输出九九乘法口诀表。

练习实例：（3-27.c）

```c
#include<stdio.h>
```

```
void main(){
    int row,col;
    for(row=1;row<=9;row++){
        for(col=1;col<=row;col++){
            printf("%d*%d=%d\t",col,row,row*col);
        }
    }
    printf("\n");
}
```

6. 我国古代数学家张丘建在《张丘建算经》一书中曾提出过著名的"百钱买百鸡"问题，该问题如下：鸡翁一，值钱五；鸡母一，值钱三；鸡雏三，值钱一；百钱买百鸡，则翁、母、雏各几何？用循环嵌套结构程序解决实际问题。编写程序，计算"百钱买百鸡"问题中公鸡、母鸡和小鸡的数量并输出。

练习实例：（3-28.c）

```
#include<stdio.h>
void main(){
    int i,j,k;
    printf(" "百钱买百鸡"问题所有可能的解如下：\n");
    for(i=0;i<= 100;i++)
        for(j=0;j<= 100;j++){
            k=100-i-j;
            if(5*i+3*j+k/3==100&&k%3==0&&i+j+k==100){
                printf("公鸡 %2d 只，母鸡 %2d 只，小鸡 %2d 只\n",i,j,k);
            }
        }
}
```

7. 用循环嵌套结构程序解决实际问题。编写程序，输出如图 3-12 所示的菱形图案。

```
      *
     ***
    ******
   ********
    ******
     ***
      *
```

图 3-12　菱形图案

练习实例：（3-29.c）

```c
#include<stdio.h>
void main(){
    int i,j,k;
    for(i=0;i<=3;i++){
        for(j=0;j<=2-i;j++)
            printf(" ");
        for(k=0;k<=2*i;k++)
            printf("*");
        printf("\n");
    }
    for(i=0;i<=2;i++){
        for(j=0;j<=i;j++)
            printf(" ");
        for(k=0;k<=4-2*i;k++)
            printf("*");
        printf("\n");
    }
}
```

练习实例：（3-29.c）

【实训小结】

完成如表 3-22 所示的实训小结。

表 3-22　实训小结

知识巩固	有红桃纸牌 3～10、黑桃纸牌 5～8，从红桃纸牌中抽取 1 张，从黑桃纸牌中抽取 1 张，可以组成的数字有哪些？编写程序，输出所有的数
问题总结	
收获总结	
拓展提高	100 个和尚吃 100 个馒头，大和尚每人吃 3 个，小和尚每 3 个人吃 1 个，请问有几个大和尚、几个小和尚？编写程序，输出大和尚和小和尚的人数

自我评价与考核

完成如表 3-23 所示的自我评价与考核表。

表 3-23　自我评价与考核表

评测内容：	程序流程图、基本语句、顺序结构程序、选择结构程序、循环结构程序、循环控制语句、循环嵌套结构程序		
完成时间：		完成情况：	□优秀□良好□中等□合格□不合格
序　号	知　识　点	自我评价	教师评价
1	设计程序流程图的方法		
2	C 语言程序基本特点		
3	C 语言基本语句的书写方法		
4	顺序结构程序的分析方法、书写方法		
5	单分支选择结构程序分析方法、书写方法		
6	双分支选择结构程序分析方法、书写方法		
7	if…else if 多分支选择结构程序分析方法、书写方法		
8	switch 多分支选择结构程序分析方法、书写方法		
9	循环结构程序特点及循环四要素		
10	使用 while 语句设计循环结构程序		
11	使用 for 语句设计循环结构程序		
12	使用 do…while 语句设计循环结构程序		
13	在循环结构中使用 break 和 continue 解决相关问题的方法		
14	循环嵌套结构程序分析方法、书写方法		
需要改进的内容：			

习题 3

一、填空题

1. 结构化程序的 3 种基本结构是顺序结构、选择结构和_____结构。

2. 若有"int a=3,b=8;"，则"printf("a=%%%d,b=%%%d\n", a, b);"的执行结果是_____。

3．若有"printf("%5.3f\n",123456.12345);"，则执行后，输出窗口得到的结果是＿＿＿＿。

4．若有"int i,j,k;"，则表达式"i=10,j=20,k=30,k*=i+j"的值是＿＿＿＿。

5．若有"char c='A'+1;"，则"printf("c=%c\n",c);"执行后，输出窗口得到的结果是＿＿＿＿＿＿＿。

二、选择题

1．设整型变量 x、y 和 z 的值依次为 3、2 和 1，则以下程序的输出结果是（ ）。

```
if(x>y)x=y;if(x>z)x=z;
printf("%d,%d,%d\n",x,y,z);
```

A．1,1,1   B．1,2,1

C．1,2,3   D．3,2,1

2．运行以下程序时，输入 ABC 和按回车键，程序的输出结果是（ ）。

```
#include<stdio.h>
void main(){
    char c;
    c=getchar();
    if (c>='a'&&c<='z' ‖ c>='A'&&c<='Z')
        printf("%c是英文字母\n",c);
    else if(c>='0'&&c<='9')
        printf("%c是数字\n",c);
}
```

A．A 是英文字母   B．A 是数字

C．ABC   D．65

3．最适合解决选择结构"若 x>0，则 y=1；否则 y=0"的语句是（ ）。

A．switch   B．嵌套的 if…else

C．if…else   D．if

4．执行以下语句后，整型变量 x 的值是（ ）。

```
switch (x=1){
    case 0:x=10;break;
    case 1:
    switch(x=2){
        case1:x=20;break;
        case2:x=30;
    }
}
```

A．30   B．20

C．10   D．1

5. 运行两次以下程序，若分别输入 6 和 4，则输出结果分别是（　　）。

```
#include<stdio.h>
void main(){
    int x;
    scanf("%d",&x);
    if(x>5)
        printf("%d",x);
    else
        printf("%d\n",x--);
}
```

A. 7 和 5　　　　　　　　　　B. 6 和 3

C. 7 和 4　　　　　　　　　　D. 6 和 4

6. 以下程序的输出结果是（　　）。

```
#include<stdio.h>
void main(){
    int x=3;
    do{
        printf("%3d ",x-=2);
    }while(!(--x));
}
```

A. 1　　　　　　　　　　　　B. 3　0

C. 1　-2　　　　　　　　　　D. 死循环

7. 定义变量"int n=10;"，则下列循环的输出结果是（　　）。

```
while(n>7){
    n--;
    printf("%d ",n);
}
```

A. 10　9　8　7　　　　　　　B. 9　8　7

C. 10　　　　　　　　　　　D. 9

8. 以下程序的输出结果是（　　）。

```
#include<stdio.h>
void main(){
    int n=4;
    while(n>0){
        n--;
        printf("%d ",n);
    }
}
```

A．2　0 　　　　　　　　　B．3　1

C．3　2　1　0 　　　　　　D．2　1　0

9．以下选项没有构成死循环的程序是（　　　）。

A．int i =100;　　　　　　B．for (;;);

　　while(1) {

　　　　i=i%3;

　　　　if (i>100)

　　　　　　break;

　　}

C．int k=1000;　　　　　　D．int s=36;

　　do {　　　　　　　　　　while (s);

　　　　k--;　　　　　　　　　--s;

　　} while(k>1000);

10．执行以下语句后，变量 k 的值是（　　　）。

```
for(k=0;k<=5;k++)
    do k++;
    while (k<5);
```

A．5　　　　　B．6　　　　　C．7　　　　　D．8

11．以下程序的输出结果是（　　　）。

```
#include<stdio.h>
void main(){
    int m,n;
    for(m=11;m>10;m--){
        for(n=m;n>9;n--)
            if(m%n)
                break;
        if(n<=m-1)
            printf("%d",m);
    }
}
```

A．11　　　　B．9　　　　　C．7　　　　　D．8

12．以下说法正确的是（　　　）。

A．continue 和 break 只能用在循环体中

B．continue 只能用在循环体中

C．break 只能用在循环体中

D．continue 只能用在循环体外

三、程序填空题

1. 运行以下程序，输入 100\<CR\>后，输出结果是_____。

```c
#include<stdio.h>
void main(){
    int n;
    scanf("%o",&n);
    printf("n=%d\n",n);
}
```

2. 以下程序用于求 $ax^2+bx+c=0$ 的实根（设 $b^2-4ac \geq 0$），在程序中填入缺少的内容。

```c
#include<stdio.h>
#include_____
void main(){
    float a,b,c,d,x1,x2;
    scanf("%f,%f,%f",&a,&b,&c);
    d=b*b-4.0*a*c;
    if(_____)
        printf("x1=x2=%f\n",-b/(2*a));
    else{
        x1=(-b+sqrt(d))/(2.0*a);
        x2=(-b-sqrt(d))/(2.0*a);
        printf("x1=%f,x2=%f\n",x1,x2);
    }
}
```

3. 运行以下程序，输出结果是_____。

```c
#include<stdio.h>
void main(){
    int n=1;
    switch (n--){
        case 0 : printf ("%d",n);
        case 1 : printf ("%d",n);
        case 2 : printf ("%d",n);
    }
}
```

4. 运行以下程序，输出结果是_____。

```c
#include<stdio.h>
void main(){
    int num= 0;
    while(num<=2){
```

```
            num++;
            printf("%d\n",num);
        }
    }
```

四、编程题

1. 编写程序，定义整型变量 a=5，实型变量 b=1.2345，字符型变量 c='A'。在输出窗口显示以下内容：

a=□□□□□5，b=1.235

a+b=6.2

c='A'，ASCII 值为 65

2. 编写程序，输入一个整数，判断这个整数能否被 3 整除，输出提示。

3. 编写程序，实现输入 3 个数字，按从小到大的顺序输出这 3 个数字。

4. 编写程序，计算个人所得税。个人所得税计算规则如表 3-24 所示。

表 3-24   个人所得税计算规则

级 数	全年应纳税所得额	税率（%）
1	不超过 36000 元的	3
2	超过 36000 元至 144000 元的部分	10
3	超过 144000 元至 300000 元的部分	20
4	超过 300000 元至 420000 元的部分	25
5	超过 420000 元至 660000 元的部分	30
6	超过 660000 元至 960000 元的部分	35
7	超过 960000 元的部分	45

5. 编写程序，求 1～20 范围内所有 3 的倍数的积。

6. 编写程序，计算 sum=1+11+111+1111+11111。

7. 已知全班 40 名学生的计算机课程考试成绩，编写程序，求全班学生的平均成绩。

8. 编写程序，输入任意一个整数，判断该数是不是素数。

实训小结与易错点分析

结构化程序的 3 种基本结构是程序设计的基础。通过 C 语言中的声明语句、表达式语句、输入语句、输出语句、返回语句、复合语句可以完成顺序结构程序设计。通过 if 语句、if…else 语句、if…else if 语句和 switch 语句可以完成选择结构程序设计。通过 while 语句、for 语句、do…while 语句可以完成循环结构程序设计。在程序中合理运用 break 和 continue 可以实现循环控制。运用嵌套的循环结构，可以解决较为复杂的循环程序设计。

编写 C 语言程序时需要注意的内容如下。

（1）变量需要先声明后使用，声明与使用前后要一致；同一函数中变量名重复，程序编译时报错误信息 "error C2374: 'n' : redefinition; multiple initialization"；变量名不符合标识符命名规则，程序编译时报错误信息 "error C2059: syntax error : 'bad suffix on number'"；变量未经初始化就使用，程序编译时报警告信息 "warning C4700: local variable 'n' used without having been initialized"。

（2）一行内可写多条语句，每条语句都要以;结尾。一条语句可以写多行，不需要续行符。

（3）复合语句块中声明的变量只能在复合语句的{}范围内使用，超出该范围就不能使用了。

（4）if、else、switch、do、for 关键字之后的语句如果超过一条，需要写在{}里。

（5）if 和 while 关键字后面的()中要写条件，条件一般由关系表达式或逻辑表达式组成，所在行尾不能写;。如果多写了;，条件表达式为真时，会执行空语句;。

（6）在 if…else 结构中，else 向上找不到 if，程序编译时报警告信息 "warning C4390: ';' : empty controlled statement found; is this the intent?" 和错误信息 "error C2181: illegal else without matching if"。

（7）在 switch 结构中，case 常量表达式后的符号写错，程序编译时报错误信息 "error C2143: syntax error : missing ':' before ';'"。case 常量表达式的值重复，程序编译时报错误信息 "error C2196: case value '0' already used"。case 常量表达式的值的类型错误，程序编译时报错误信息 "error C2052: 'const double' : illegal type for case expression"。

（8）循环结构中如果缺少改变循环条件的语句，循环条件就永远为真，循环就是一个死循环，程序就不会结束，也就得不到正确的结果。

（9）for 循环的正确语法：for(表达式1;表达式2;表达式3)。每个表达式之间用;分隔，不能写其他常用的分隔符。;超出两个，程序编译时报错误信息 "error C2059: syntax error : ';'"。;少于两个，程序编译时报错误信息 "error C2143: syntax error : missing ';' before ')'"。

第4章 数组

学习任务

❖ 掌握数组存储数据的特征。

❖ 掌握一维数组的定义、初始化，以及一维数组元素的引用。

❖ 掌握用一维数组编程的方法。

❖ 掌握二维数组的定义、初始化，以及二维数组元素的引用。

❖ 掌握用二维数组编程的方法。

❖ 掌握字符数组的定义、初始化，以及字符数组与字符串函数的使用方法。

实训任务

实训 4-1　一维数组与一维数组编程

【实训学时】2 学时

【实训目的】

1. 掌握一维数组存储数据的特征。

2. 掌握一维数组的定义、初始化，以及一维数组元素的引用。

3. 掌握用一维数组编程的方法。

【实训内容】

1. 熟悉一维数组的定义，如表 4-1 所示。

表 4-1　一维数组的定义

格式： 类型说明符　数组名[整型常量表达式];

续表

整型常量表达式:		
整型常量、整型常量表达式、整型符号常量（不可以出现变量）		
定义整型数组 a	定义实型数组 b	定义字符型数组 c
int a[5];	float b[10];	char c[20];
数组 a 的长度	数组 b 的长度	数组 c 的长度
5	10	20

2．认识一维数组存储数据的形式，如图 4-1 所示。

图 4-1 一维数组存储数据的形式

3．熟悉一维数组元素的引用，如表 4-2 所示。

表 4-2 一维数组元素的引用

格式：			
数组名[索引]			
数 组 名			
数组 a 元素	数组 b 元素		数组 c 元素
a[0]～a[4]	b[0]～b[9]		c[0]～c[19]
索 引			
常 量	常量表达式	整型变量	变量表达式
a[3]	a[3+2]	a[i]	a[i+j] a[i++]
示例：			
double n[3];n[2]=90;			

4．用一维数组解决实际问题。编写程序，实现输入 10 个任意的整数，输出这 10 个数和其中的最小数。

练习实例：（4-1.c）

```c
#include<stdio.h>
void main(){
    int a[10];
    int i,min;
```

```
        printf("请输入10个整数: ");
        for(i=0;i<10;i++)
            scanf("%d",&a[i]);
        printf("你输入的10个整数: ");
        for(i=0;i<10;i++)
            printf("%4d",a[i]);
        min=a[0];
        for(i=1;i<10;i++)
            if(min>a[i])
                min=a[i];
        printf("\n最小数为%d\n",min);
    }
```

5. 用一维数组解决实际问题。编写程序，实现输入 10 个任意的整数，输出这 10 个数的平均数。

练习实例：（4-2.c）

```
#include<stdio.h>
void main(){
    int a[10],sum=0;
    int i;
    double average;
    printf("请输入10个整数: ");
    for(i=0;i<10;i++){
        scanf("%d",&a[i]);
        sum+=a[i];
    }
    average=(double)sum/10;
    printf("\n平均数: %lf\n",average);
}
```

6. 熟悉一维数组的初始化，如表 4-3 所示。

表 4-3 一维数组的初始化

格　式	示　例	分　析
类型说明符　数组名[常量表达式]= {数值 1,数值 2,…,数值 n};	int a[3]={0,1,2};	a[0]==0，a[1]==1，a[2]==2
	int b[5]={100,90};	b[0]==100，b[1]==90，b[2]==0，b[3]==0，b[4]==0
	int d[4]={99};	d[0]==99，d[1]==0，d[2]==0，d[3]==0
	int a[ ]={2,4,6,8};	a[0]==2，a[1]==4，a[2]==6，a[3]==8
	float f[3]={0};	f[0]==0，f[1]==0，f[2]==0
	char c[3]={'A'};	c[0]=='A'，c[1]=='\0'，c[2]=='\0'

7．用一维数组解决实际问题。编写程序，输出斐波那契（Fibonacci）数列（1，1，2，3，5…）的前20项。

练习实例：（4-3.c）

```
#include<stdio.h>
void main(){
    int f[20]={1,1},i;
    for(i=2;i<20;i++)
        f[i]=f[i-2]+f[i-1];
    printf("斐波那契数列的前20项：");
    for(i=0;i<20;i++)
        printf("%8d",f[i]);
    printf("\n");
}
```

8．用一维数组和冒泡排序法解决实际问题。编写程序，实现输入6个整数，按从小到大的顺序对其进行排序，并输出结果。

练习实例：（4-4.c）

（1）分析过程（见图4-2）：

9	8	8	8	8	8
8	9	7	7	7	7
7	7	9	6	6	6
6	6	6	9	5	5
5	5	5	5	9	4
4	4	4	4	4	9

图4-2 分析过程

（2）编码实现：

```
#include<stdio.h>
void main(){
    int a[6];
    int i,j,t;
    printf("请输入6个整数：");
    for(i=0;i<6;i++)
        scanf("%d",&a[i]);
    printf("\n");
    for(i=1;i<6;i++)
        for(j=1;j<6-i;j++)
            if(a[j]>a[j+1]){
                t=a[j];a[j]=a[j+1];a[j+1]=t;
```

```
        }
    printf("按从小到大的顺序输出数组：");
    for(i=0;i<6;i++)
        printf("%5d", a[i]);
    printf("\n");
}
```

9. 用一维数组和选择排序法解决实际问题。编写程序，实现输入 6 个整数，按从小到大的顺序对其进行排序，并输出结果。

练习实例：（4-5.c）

（1）分析过程：

选择排序法的基本思路是在待排序区中，经过选择和交换后，选出最小的数存放到 a[0] 中；再从剩余的待排序区中，经过选择和交换后，选出最小的数存放到 a[1] 中，a[1] 中的数仅大于 a[0]；以此类推，即可实现排序。

程序中用到两个 for 循环语句；第一个 for 循环用来确定位置，存放每次从待排序区中经选择和交换后所选出的最小数；第二个 for 循环用来将确定位置的数与后面待排序区中的数进行比较。

（2）编码实现：

```
#include<stdio.h>
void main(){
    int i,j,t,a[7];
    for(i=1;i<7;i++)
        scanf("%d",&a[i]);
    for(i=0;i<6;i++)
        for(j=i+1;j<7;j++)
            if(a[i]>a[j]){
                t=a[i];
                a[i]=a[j];
                a[j]=t;
            }
    for(i=1;i<=6;i++)
        printf("%5d",a[i]);
    printf("\n");
}
```

【实训小结】

完成如表 4-4 所示的实训小结。

表 4-4 实训小结

知识巩固	1. 在一维数组中任意输入 10 个整数，按从大到小的顺序输出这 10 个数。 2. 将 10 个小数输入一维数组中，输出其中的最大数
问题总结	
收获总结	
拓展提高	为党史知识学习系统设计竞赛程序，用数组记录选手在答题过程中的所有分数，并对所有分数进行降序排列

实训 4-2　二维数组与二维数组编程

【实训学时】2 学时

【实训目的】

1．掌握二维数组存储数据的特征。

2．掌握二维数组的定义、初始化，以及二维数组元素的引用。

3．掌握用二维数组编程的方法。

【实训内容】

1．熟悉二维数组的定义，如表 4-5 所示。

表 4-5　二维数组的定义

格　式	示　例	说　明
类型说明符　数组名[常量表达式 1][常量表达式 2];	int a[2][3];	a[0][0]，a[0][1]，a[0][2] a[1][0]，a[1][1]，a[1][2]
	double b[2][2];	b[0][0]，b[0][1] b[1][0]，b[1][1]

2．认识二维数组存储数据的形式，如表 4-6 所示。

表 4-6　二维数组存储数据的形式

序　号	示　例
1	$\begin{bmatrix} 5 & 3 & 1 \\ 1 & -3 & -2 \\ -5 & -2 & 1 \end{bmatrix}$
2	5　3　1 1　-3　-2 -5　2　1
3	a[0]　a[0][0]　a[0][1]　a[0][2] a[1]　a[1][0]　a[1][1]　a[1][2] a[2]　a[2][0]　a[2][1]　a[2][2]
4	a[0]　a[1]　a[2] a[0][0]　a[0][1]　a[0][2]　a[1][0]　a[1][1]　a[1][2]　a[2][0]　a[2][1]　a[2][2]

3．用二维数组解决实际问题。编写程序，实现在一个 3×3 的二维数组中输入数字后，输出这些数字。

练习实例：（4-6.c）

```c
#include<stdio.h>
void main(){
    int a[3][3];
    int i,j;
    printf("请输入9个整数：");
    for(i=0;i<3;i++)
        for(j=0;j<3;j++)
            scanf("%d",&a[i][j]);
    printf("你输入的9个整数：\n");
    for(i=0;i<3;i++){
        for(j=0;j<3;j++)
            printf("%10d",a[i][j]);
        printf("\n");
    }
}
```

4．用二维数组解决实际问题。编写程序，实现任意输入一个 3×3 的二维数组，输出对角元素之和。

练习实例：（4-7.c）

```c
#include<stdio.h>
void  main(){
    int a[3][3],sum=0;
    int i,j;
    printf("请输入9个整数：");
    for(i=0;i<3;i++)
        for(j=0;j<3;j++){
            scanf("%d",&a[i][j]);
            if(i==j)
                sum+=a[i][j];
        }
    printf("对角元素之和：%10d\n",sum);
}
```

5．熟悉二维数组的初始化，如表 4-7 所示。

表 4-7　二维数组的初始化

格　　式	示　　例	分　　析
类型说明符　数组名[常量表达式 1] [常量表达式 2]={{数值 1,数值 2,···,数值 n},···,{数值 1,数值 2,···,数值 n}};	int a[2][2]={1,2,3,4};	a[0][0]==1 a[0][1]==2 a[1][0]==3 a[1][1]==4
	int b[2][2]={{21,4},{7,9}};	b[0][0]==21 b[0][1]==4 b[1][0]==7 b[1][1]==9
	int a[][3]={6,5,4,3,2,1};	a[0][0]==6 a[0][1]==5 a[0][2]==4 a[1][0]==3 a[1][1]==2 a[1][2]==1

6.理解二维数组的初始化，用二维数组解决实际问题。编写程序，将二维数组 a 转置输出。

练习实例：（4-8.c）

```c
#include<stdio.h>
void main(){
    int i,j;
    int a[3][3]={{9,8,7},{6,5,4},{3,2,1}};
    for(i=0;i<3;i++){
        for(j=0;j<3;j++)
            printf("%5d",a[i][j]);
        printf("\n");
    }
    printf("转置输出如下：\n");
    for(j=0;j<3;j++){
        for(i=0;i<3;i++)
            printf("%5d",a[i][j]);
        printf("\n");
    }
}
```

7.理解缺少行数的二维数组的初始化，用二维数组解决实际问题。编写程序，输出给定的二维数组中的最大数。

练习实例：（4-9.c）

```c
#include<stdio.h>
void  main(){
    int a[][3]={29,38,40,56,34,12,53,72,89};
    int i,j,max;
    max=a[0][0];
    printf("该二维数组为\n");
    for(i=0;i<3;i++){
        for(j=0;j<3;j++)
            printf("%5d",a[i][j]);
        printf("\n");
    }
    for(i=0;i<3;i++)
        for(j=0;j<3;j++)
            if(max<a[i][j])
                max=a[i][j];
    printf("\n最大数为%5d\n",max);
}
```

8．编写程序，理解二维数组部分元素的初始化，输出二维数组。

练习实例：（4-10.c）

```c
#include<stdio.h>
void main(){
    int i,j;
    int b[2][3]={9,0,7};
    double d[2][2]={0};
    for(i=0;i<2;i++){
        for(j=0;j<3;j++)
            printf("%5d",b[i][j]);
        printf("\n");
    }
    for(i=0;i<2;i++){
        for(j=0;j<2;j++)
            printf("%10.2lf",d[i][j]);
        printf("\n");
    }
}
```

9．用二维数组解决实际问题。编写程序，实现依据 6 名学生的 3 门课程成绩，输出每名学生的平均成绩。

练习实例：（4-11.c）

```c
#include<stdio.h>
void main(){
    int i,j,sum=0,ave[6];
    int a[3][6]={{85,93,84,85,95,86},{79,95,95,80,100,98},{80,91,93,
75,97,90}};
    for(j=0;j<6;j++){
        for(i=0;i<3;i++)
            sum=sum+a[i][j];
            ave[j]=sum/3;
            sum=0;
    }
    printf("每名学生的平均成绩如下：\n");
    for(i=0;i<6;i++){
        printf("%03d\t%d\n",i,ave [i]);
    }
}
```

10．用二维数组解决实际问题。编写程序，输出 10 行的杨辉三角。

练习实例：（4-12.c）

```c
#include<stdio.h>
void main(){
    int i,j,a[10][10];
    printf("10行的杨辉三角如下：\n");
    for(i=0;i<10;i++)
        for(j=0;j<10;j++){
            if(j==0||i==j)
                a[i][j]=1;
            else
                a[i][j]=a[i-1][j-1]+a[i-1][j];
        }
        for(i=0;i<10;i++){
            for(j=0;j<=i;j++)
                printf("%6d",a[i][j]);
                printf("\n");
        }
}
```

【实训小结】

完成如表 4-8 所示的实训小结。

表 4-8　实训小结

知识巩固	电影院共有 16 排 20 列座位，编写程序，输出这些座位的行列编号
问题总结	
收获总结	
拓展提高	为党史知识学习系统设计选手成绩输出程序，用二维数组记录选手的所有分数，输出成绩单明细

字符数组与字符串编程

【实训学时】2 学时

【实训目的】

1. 掌握字符数组的定义、初始化及字符数组元素的引用。

2. 掌握字符数组与字符串的关联。

3. 掌握用字符数组和字符串编程的方法。

4. 掌握常用字符串函数的使用方法。

【实训内容】

1. 认识字符数组的定义、初始化及字符数组元素的引用，如表 4-9 所示。

表 4-9　字符数组的定义、初始化及字符数组元素的引用

操　　作	格　　式	示　　例	分　　析
字符数组的定义	char 数组名[数组长度];	char a[5];	a[0]～a[4]
	char 数组名[数组行数] [数组列数];	char b[3][4];	b[0][0]～b[2][3]
字符数组的初始化	char 数组名[数组长度]={字符 1,字符 2,…,字符 n};	char a[2]={'H','i'};	a[0]== 'H', a[1]== 'i'
	char 数组名[]={字符 1,字符 2,…,字符 n};	char c[]={'A','B','C'};	c[0]== 'A', c[1]== 'B', c[2]== 'C'
	char 数组名[]={字符串};	char c[6]={"China"};	c[0]== 'C', …, c[5]== '\0'
	char 数组名[]=字符串;	char c[6]="China";	
	char 数组名[数组行数] [数组列数]={字符串 1,字符串 2,…,字符串 n};	char c[3][6]={"We","love", "China"};	c[0][0]== 'W' …
字符数组元素的引用	数组名[索引值]	c[2], c[5+7], c[N], c[i], c[i+3]	同字符变量
	数组名[行索引值] [列索引值]	c[i][j]	

2. 用字符数组解决实际问题。编写程序，输出字符数组；查找程序错误。

练习实例：（4-13-1.c）

```c
#include<stdio.h>
void main(){
    char c[6]={'C','h','i','n','a','\0'};
    int i;
    for(i=0;i<10;i++)
        printf("%c",c[i]);
        printf("\n");
```

```
        printf("%s\n",c);
    }
```

练习实例：（4-13-2.c）

```
#include<stdio.h>
void main(){
    char c[5]={'C','h','i','n','a'};
    int i;
    for(i=0;i<10;i++)
        printf("%c",c[i]);
        printf("\n");
        printf("%s\n",c);
}
```

3. 编写程序，用字符串初始化字符数组，并输出。

练习实例：（4-14.c）

```
#include<stdio.h>
void main(){
    char a[5]={'C','h','i','n','a'};
    char b[6]="China";
    char c[]={"China"};
    char d[]={"China"};
    printf("%s\n ",a);
    printf("%s\n ",b);
    printf("%s\n ",c);
    printf("%s\n ",d);
}
```

4. 熟悉字符数组的输入和输出，如表 4-10 所示。

表 4-10 字符数组的输入和输出

输　入	示　例	输　出	示　例
scanf()函数	scanf("%c",&c[i]);	printf()函数	printf("%c",c[i]);
	scanf("%c",&c[i][j]);		printf("%c",c[i][j]);
	scanf("%s",c);		printf("%s",c);
	scanf("%s",c[i]);		printf("%s",c[i]);
getchar()函数	a[i]=getchar();	putchar()函数	putchar(a[i]);
	a[i][j]=getchar();		putchar(a[i][j]);
gets()函数	gets(a);	puts()函数	puts(a);
	gets(a[i]);		puts(a[i]);

5．编写程序，练习一维字符数组的输入和输出。

练习实例：（4-15.c）

```c
#include<stdio.h>
#include<conio.h>
void main(){
    char a[10],b[10],c[10],ch;
    int i;
    printf("请输入字符串1");
    for(i=0;i<10;i++)
        a[i]=getchar();
    printf("字符串1:\n");
    for(i=0;i<10;i++)
        putchar(a[i]);
    printf("\n");
    printf("继续请输入Y/y:");
    ch=getch();
    printf("请输入字符串2");
    scanf("%s",b);
    printf("字符串2:\n");
    printf("%s",b);
    printf("继续请输入Y/y:");
    ch=getch();
    ch=getchar();
    printf("请输入字符串3");
    gets(c);
    printf("字符串3:\n");
    puts(c);
}
```

6．编写程序，用二维字符数组实现字符串输出。

练习实例：（4-16.c）

```c
#include<stdio.h>
void main(){
    char a[7][10]={"Monday","Tuesday","Wednesday","Thursday","Friday",
"Saturday","Sunday"};
    int i;
    for(i=0;i<7;i++)
        puts(a[i]);
}
```

7. 认识常用的字符串处理函数，如表 4-11 所示。

表 4-11 常用的字符串处理函数

函 数 原 型	功 能	返回值类型	示 例
strlen(const char *s)	返回字符串 s 的长度	int	strlen(s)
strcat(char *dest,const char *src)	将字符串 src 添加到字符串 dest 的末尾	char	strcat(s1,s2)
strcpy(char *dest,const char *src)	将字符串 src 复制到字符串 dest 中	char	strcpy (s,s1)
strlwr(char *s)	将字符串 s 中的大写英文字母全部转换成小写，并返回转换后的字符串	char	strlwr(s)
strupr(char *s)	将字符串 s 中的小写英文字母全部转换成大写，并返回转换后的字符串	char	strupr(s)
strcmp(const char *s1,const char *s2)	比较字符串 s1 与字符串 s2 的大小，并返回 s1-s2	int	strcmp(s1, s2)

8. 用字符串处理函数 strlen()解决实际问题。编写程序，判断密码长度。

练习实例：（4-17.c）

```c
#include<stdio.h>
#include<string.h>
#define LEN 6
void main(){
    char passWord[10];
    printf("请输入6位密码：");
    gets(passWord);
    if(strlen(passWord)>LEN)
        printf("密码过长！\n");
    else if(strlen(passWord)<LEN)
        printf("密码过短！\n");
    else
        printf("继续执行程序……\n");
}
```

9. 用字符串处理函数 strlen()解决实际问题。编写程序，分别统计字符串中的大写英文字母、小写英文字母、数字和其他字符个数。

练习实例：（4-18.c）

```c
#include<stdio.h>
#include<string.h>
void main(){
    int i,n1,n2,n3,n4;
    char c[100];
    n1=n2=n3=n4=0;
    printf("请输入字符串：\n");
```

```
        gets(c);
        for(i=0;i<strlen(c);i++)
            if(c[i]>='A'&&c[i]<='Z')
                n1++;
            else if(c[i]>='a'&&c[i]<='z')
                n2++;
            else if(c[i]>='0'&&c[i]<='9')
                n3++;
            else
                n4++;
        printf("字符串中各类字符的个数：\n");
        printf("大写英文字母\t小写英文字母\t数字\t其他字符\n");
        printf("%d\t%d\t%d\t%d\n", n1,n2,n3,n4-1);
}
```

10. 用字符串处理函数 strcat()解决实际问题。编写程序，连接两个字符串。

练习实例：（4-19.c）

```
#include<stdio.h>
#include<string.h>
void main(){
    char a[10]="abc",b[10]="012";
    puts(a);
    puts(b);
    strcat(a,b);
    puts(a);
    puts(b);
    strcat(a,b+1);
    puts(a);
    puts(b);
    strcat(a,b+2);
    puts(a);
    puts(b);
}
```

11. 用字符串处理函数 strcat()解决实际问题。编写程序，确认用户注册的账号和密码。

练习实例：（4-20.c）

```
#include<stdio.h>
#include<string.h>
void main(){
    char userName[]="账号：Admin",passWord[]="密码：ZAQ!";
    char str[100]="\0";
```

```
    puts(userName);
    puts(passWord);
    strcat(str,userName);
    strcat(str,"\n");
    strcat(str,passWord);
    puts(str);
    printf("返回……\n");
}
```

12. 用字符串处理函数 strcpy()解决实际问题。编写程序，复制字符串。

练习实例：（4-21-1.c）

```
#include<stdio.h>
#include<string.h>
void main(){
    char c1[15]="c",c2[]="C Language";
    strcpy(c1,c2);
    puts(c1);
    strcpy(c1+1,c2+5);
    puts(c1);
}
```

练习实例：（4-21-2.c）

```
#include<stdio.h>
#include<string.h>
void main(){
    char str[20];
    char s1[]="自信人生二百年，";
    char s2[]="会当水击三千里。";
    strcpy(str,s1);
    puts(str);
    strcpy(str+16,s2);
    puts(str);
}
```

13. 用字符串处理函数 strlwr()和 strupr()解决实际问题。编写程序，转换英文字母大小写。

练习实例：（4-22.c）

```
#include<stdio.h>
#include<string.h>
void main(){
    char c[]="If you shed tears when you miss the sun, you also miss the
stars.!";
    printf("将字符串转换成小写：");
    strlwr(c);
```

```
    puts(c);
    printf("将字符串转换成大写：");
    strupr(c);
    puts(c);
}
```

14. 用字符串处理函数 strcmp()解决实际问题。编写程序，比较两个字符串的大小。

练习实例：（4-23.c）

```
#include<stdio.h>
#include<string.h>
void main(){
    int k;
    char c1[15],c2[15];
    printf("请输入第一个字符串:");
    gets(c1);
    printf("请输入第二个字符串:");
    gets(c2);
    k=strcmp(c1,c2);
    if(k==0)
        printf("c1=c2\n");
    if(k>0)
        printf("c1>c2\n");
    if(k<0)
        printf("c1<c2\n");
}
```

15. 用字符串处理函数 strcmp()解决实际问题。编写程序，检查用户账号和密码。

练习实例：（4-24.c）

```
#include<stdio.h>
#include<string.h>
void main(){
    char userName[]="Admin",passWord[]="ZAQ!";
    char iptUN[5],iptPW[5];
    printf("请输入账号:");
    gets(iptUN);
    printf("请输入密码:");
    gets(iptPW);
    if(strcmp(userName,iptUN)==0&&strcmp(passWord,iptPW)==0)
        printf("登录成功，程序继续执行……\n");
    else
        printf("账号或密码错误，返回……\n");
}
```

【实训小结】

完成如表 4-12 所示的实训小结。

表 4-12　实训小结

知识巩固	练习字符处理函数的使用方法，输入任意字符串，输出字符串的长度，将字符串复制到另外一个字符数组中，将两个字符串连接到一起，输出两个字符数组的比较结果
问题总结	
收获总结	
拓展提高	为党史知识学习系统设计选手登录程序，若输入的账号和密码正确，则允许登录，否则提示"账号或密码错误"

自我评价与考核

完成如表 4-13 所示的自我评价与考核表。

表 4-13　自我评价与考核表

评测内容：	数组存储数据的特征、一维数组、二维数组、一维数组和二维数组的程序设计。字符数组与字符串的关联，字符数组、字符串和字符串函数的使用方法		
完成时间：	完成情况：	□优秀□良好□中等□合格□不合格	
序　号	知　识　点	自　我　评　价	教　师　评　价
1	数组存储数据的特征，数组存储数据的共同特征		
2	一维数组的定义，存储所有类型数据的方法，数组的命名和数组长度的表示方法		
3	一维数组的初始化，包括所有数据元素的初始化，部分元素的初始化，数据元素的默认初始值		
4	一维数组元素表示方法，数组名的含义，索引的表示方法，在程序设计中引用数组元素的表示方法		
5	使用一维数组的相关程序的特点和程序设计方法		
6	二维数组中行与列的关系，二维数组的每行与一维数组的关系		
7	二维数组的定义、初始化，以及二维数组元素的引用		
8	使用二维数组的相关程序的特点和程序设计方法		
9	字符数组的定义、初始化，以及字符数组元素的引用		
10	使用字符数组的相关程序的特点，在程序设计中正确处理字符型数据实现编程的方法		
11	以字符数组的形式存储字符串的方法，字符串结束的标识符 "\0" 的意义及使用		
12	在程序设计中正确使用字符数组和字符串完成字符型数据的设计		
13	常用的字符串函数的原型，在程序中正确使用的方法		
14	在实际的程序设计中，运用字符串函数完成字符相关数据的编程		
需要改进的内容：			

习题 4

一、填空题

1. 数组被定义后＿＿＿＿＿＿＿是固定的，所有的数组元素的类型＿＿＿＿＿＿＿。

2. 若定义数组 "int a[10]={1,2,3,4,5,6};"，则表达式 a[2]+a[4]/2 的值是＿＿＿＿＿＿＿。

3. 若定义数组 "char c[]="C language";"，则数组的长度是＿＿＿＿＿＿＿。

4. 若定义数组 "double d[10]={1,2,3,4,5,6};"，且有整型变量 i，则输出数组 d 的值时，输出语句写在＿＿＿＿＿＿＿＿＿＿＿＿＿＿的循环结构中。

二、选择题

1. 若定义数组 "int a[10],b=3;"，则数组的第 3 个元素是（　　）。

　A．a[b]　　　　B．a[3]　　　　C．a[2]　　　　D．a2

2. 若有 "int a[10];"，则对 a 数组元素的引用正确的是（　　）。

　A．a[10]　　　B．a[3.5]　　　C．a(5)　　　　D．a[10-10]

3. 以下程序的输出结果是（　　）。

```
#include<stdio.h>
void main(){
    int i,a[10];
    for(i=9;i>=0;i--)
        a[i]=10-i;
    printf("%d%d%d",a[2],a[5],a[8]);
}
```

　A．258　　　　B．741　　　　C．852　　　　D．369

4. 以下语句不正确的是（　　）。

　A．static int a[5]={1,2,3,4,5};

　B．static int a[5]={1,2,3};

　C．static int a[]={0,0,0,0,0};

　D．static int a[5]=(0*5);

5. 以下程序的输出结果是（　　）。

```
#include<stdio.h>
void main(){
    int a[6],i;
    for(i=1;i<6;i++){
        a[i]=9*(i-2+4*(i>3))%5;
        printf("%2d",a[i]);
```

```
    }
}
```

A. -40404
B. -40403
C. -40443
D. -40440

6. 以下程序的输出结果是（　　）。

```
#include<stdio.h>
void main(){
    int n[2]={0},i,j,k=2;
    for(i=0;i<k;i++)
    for(j=0;j<k;j++)
        n[j]=n[i]+1;
    printf("%d\n",n[1]);
}
```

A. 1
B. 3
C. 2
D. 4

7. 以下程序的输出结果是（　　）。

```
#include<stdio.h>
void main(){
    int a[4][4]={{1,3,5},{2,4,6},{3,5,7}};
    printf("%d%d%d%d\n",a[0][3],a[1][2],a[2][1],a[3][0]);
}
```

A. 0650
B. 1470
C. 5430
D. 输出值不定

8. 以下程序的输出结果是（　　）。

```
#include<stdio.h>
void main(){
    int i,x[3][3]={1,2,3,4,5,6,7,8,9};
    for(i=0;i<3;i++)
    printf("%d,",x[i][2-i]);
}
```

A. 1,5,9,
B. 1,4,7,
C. 3,5,7,
D. 3,6,9,

9. 以下程序的输出结果是（　　）。

```
#include<stdio.h>
void main(){
    int a[3][2]={{1,2},{3,4},{5,6}},i,j,s=0;
    for(i=0;i<3;i++)
    for(j=0;j<2;j++)
        s+=a[i][j];
    printf("%d\n",s);
}
```

A．18　　　　　B．19　　　　　C．20　　　　　　D．21

10．不能把字符串 Hello! 赋给数组 b 的语句是（　　　）。

　　A．char b[10]={'H', 'e', 'l', 'l', 'o', '!'};

　　B．char b[10]; b="Hello!";

　　C．char b[10]; strcpy(b, "Hello!");

　　D．char b[10]= "Hello!";

11．以下数组定义不正确的是（　　　）。

　　A．int a[2][3];

　　B．int b[][3]={0,1,2,3};

　　C．int c[100][100]={0};

　　D．int d[3][]={{1,2},{1,2,3},{1,2,3,4}};

12．以下选项不能正确赋值的是（　　　）。

　　A．char s1[10];s1="Ctest";

　　B．char s2[]={'C', 't', 'e', 's', 't'};

　　C．char s3[20]="Ctest";

　　D．char s4[]="Ctest\n";

三、程序填空题

1．以下程序的输出结果是＿＿＿＿＿＿＿＿＿。

```
#include<stdio.h>
void main(){
    int a[4][5]={1,2,4,-4,5,-9,3,6,-3,2,7,8,4};
    int i,j,n;
    n=6;
    i=n/5;
    j=n-i%5-2;
    printf("%d\n",a[i][j]);
}
```

2．以下是用冒泡排序法（由小到大）排序的源程序，补充程序中缺少的内容。

```
#include<stdio.h>
#define n 8
void main(){
    int i,j,t;
    int a[n]={7,4,10,1,20,5,3,9};
    for(i=0;i<_____;i++){
        for(j=_____;j>i;j--)
            if(_____){
                t=a[j-1];
```

```
                a[j-1]=a[j];
                a[j]=t;
            }
        }
    printf("排序结果: ");
    for(i=0;i<n;i++)
        printf("%5d",a[i]);
}
```

3. 以下程序的输出结果是_____。

```
#include<stdio.h>
void main(){
    char s[]="cat and mouse";
    int j=0;
    while(s[j]!='\0')
        ++j;
    printf("%d\n",j);
}
```

4. 以下程序的输出结果是_____。

```
#include<stdio.h>
#include<string.h>
void main(){
    char a[10]="student";
    char b[10]="boy";
    int n;
    n=strlen(a)+strlen(b);
    printf("%d",n);
}
```

5. 在求数组 a 中的最大值的程序中补充缺少的语句。

```
#include<stdio.h>
void  main(){
    int a[5]={23,4,5,2,32},i,max;
    max=a[0];
    for(i=1;i<5;i++)
    {
        if(max<a[i])
            _____;
    }
    _____;
}
```

四、编程题

1．编写程序，在数组中存放 20 名学生的成绩，统计出不及格人数并输出。

2．编写程序，求长度为 20 的一维数组中的最大值和该元素的索引值并输出。

3．编写程序，输入一个十进制整数，将其转换成二进制数后储存在一个数组中并输出。

4．编写程序，输入 10 名学生的姓名和他们 3 门课程的成绩，计算每名学生的平均成绩，并输出学生的姓名和平均成绩。

实训小结与易错点分析

数组是 C 语言程序设计中常用的引用类型数据，有强大的数据存储能力。可以用一维数组和二维数组存储整型、实型、字符型数据。在实例中，通过将循环结构与数组相结合，可以完成数组元素的输入、输出与处理，完成程序设计。

编写 C 语言程序用到数组时需要注意的内容如下。

（1）定义数组时要为数组指定长度。不定义数组的长度，如"int a[];"，程序编译时报错误信息 "error C2133: 'a' : unknown size"。数组的长度不能是 0，如为 0，程序编译时提示 "cannot allocate an array of constant size 0"。数组长度是一个确定的整数。若用变量，如 "int b=10,a[b];"，程序编译时报错误信息 "error C2057: expected constant expression"。数组长度不可以修改。

（2）在引用数组元素时会用到数组元素的索引值，索引值如果不是[0,数组长度-1]范围内的整数，表示数组索引越界，编译时能够通过，不会报错，但运行结果错误。因此，在配合 for 语句编写程序时，应注意循环变量不要超出数组元素的最大索引值。

（3）数组元素被引用时，索引值要写在[]中。C 语言中的<>、{}、()和[]各有专门用途，要严格区分。

（4）初始化不连续的数组元素或不需要初始化的数组元素，可置为 0，如 "int x[8]={1,0,0,4,5,6,0,0};" 或 "int b[3][3]={{0,1,2},{0,1,2},{0,1,2}};"，但不能写为 "int x[8]={1,,,4,5,6,,};"，否则程序编译时报错误信息 "error C2059: syntax error : ','"。数组初始化可写为 "float a[5]={1};"，但不能写为 "float a[5]= 1;"，否则程序编译时提示 "There are no conversions to array types, although there are conversions to references or pointers to arrays"。

（5）不可对数组整体进行读取操作，会误将数组名认为是数组中的全部元素。如 "int c[4]={5,2,61,36};" 可通过 "printf("c=%d",c);" 输出数组 c 在内存中存储区域的首地址，如 1703704，编译程序时不报错误信息。可以用循环对数组进行操作。

（6）二维数组元素的正确表示为"数组名[行标][列标]"，"a[i,j]"是错误的，如"a[0,1]"不能表示数组元素，表示的是数组第 1 行的地址。

（7）二维数组是一维数组的数组，a[1]表示的是二维数组 a 第 2 行的首地址。

（8）C 语言字符串以字符数组的形式存储，字符串结束的标识符 "\0" 在字符数组中不可忽略。

（9）数组名代表数组首地址，是一个常量，不能再被赋值。若对数组名赋值，程序编译时报错误信息 "error C2106: '=' : left operand must be l-value"。如果希望数组 b 和数组 a 相同就用语句 "b=a;"，便是错误的。

（10）声明二维数组时，列标不能省略，行标可以缺少。缺少了列标，提示 "'<Unknown>' : missing sub script"。

第 5 章
函　数

学习任务

❖ 理解函数的概念及其在程序设计中的意义。

❖ 掌握函数原型说明和函数原型的定义。

❖ 掌握函数的定义与调用。

❖ 掌握嵌套调用函数和递归函数的定义与调用。

❖ 理解变量的作用域和存储类型。

❖ 理解内部函数和外部函数的区别与应用方法。

实训任务

实训 5-1　函数格式、函数原型说明和调用

【实训学时】2 学时

【实训目的】

1. 熟悉 C 语言函数类型。

2. 掌握自定义函数格式。

3. 掌握自定义函数原型说明格式。

4. 掌握自定义函数调用格式和如何在程序中使用函数。

【实训内容】

1. 熟悉 C 语言函数类型，如表 5-1 所示。

表 5-1　C 语言函数类型

函 数 类 型	示　　例	头 文 件
系统函数	getchar()，putchar()，printf()，scanf()	stdio.h
	pow()，sqrt()，floor()，ceil()	math.h
	isalpha()，isdigit()，islower(int ch)，isspace()	ctype.h
	strcat()，strcmp()，strcpy()，strlen()	string.h
自定义函数	int sum(int *n,int s)，int fun(char *s,char *t)，void print()	—

2．熟悉函数原型查阅方法。部分函数原型如表 5-2 所示。

表 5-2　部分函数原型

函 数 原 型	返 回 值	参　数	示　　例	示 例 结 果
double pow(double x, double y)	double	double x, double y	pow(2,10)	210
double sqrt(double x)	double	double x	sqrt(9.99)	$\sqrt{9.99}$
double floor(double x)	double	double x	floor(1.23)	舍为 1
double ceil(double x)	double	double x	ceil(1.23)	入为 2

3．用系统函数解决实际问题。编写程序，实现输入三角形的 3 条边，能计算三角形的面积，如果输入的 3 条边不能构成三角形，给出提示。

练习实例：（5-1.c）

```c
#include<stdio.h>
#include<math.h>
void main(){
    double a,b,c;
    double d,area;
    printf("输入三角形的3条边：") ;
    scanf("%lf%lf%lf",&a,&b,&c);
    if(a+b>c&&a+c>b&&b+c>a){
        d=(a+b+c)/2;
        area=sqrt(d*(d-a)*(d-b)*(d-c));
        printf("area=%lf\n",area);
    }else{
        printf("输入的3条边不能构成三角形!\n");
    }
}
```

4．用系统函数解决实际问题。

（1）如果一天需要完成的目标工作量是 1，如果每天都稍有懈怠，完成 0.99。编写程序，输出一年（365 天）的工作量完成情况，即 0.99^{365}。

练习实例：（5-2.c）

```
#include<stdio.h>
#include<math.h>
void main(){
    printf("一年完成的工作量：%lf\n",pow(0.99,365));
    printf("未完成的工作量：%lf\n",1-pow(0.99,365));
}
```

通过运行结果可知，每天懈怠一点儿，日积月累后，努力成果可能会所剩无几……

（2）如果每天激励自己多完成 0.01，也就是 1.01。编写程序，输出一年（365 天）的工作量完成情况，即 1.01^{365}。

练习实例：（5-3.c）

```
#include<stdio.h>
#include<math.h>
void main(){
    printf("一年完成的工作量：%lf\n",pow(1.01,365));
    printf("超额完成的工作量：%lf\n",pow(1.01,365)-1);
    printf("激励与懈怠的工作量之比：%.0lf\n",pow(1.01,365)/pow(0.99,365));
}
```

通过运行结果可知，平时多努力一点儿，才会收获累累硕果。所以，要时刻保持激情，每天多努力一点儿、多坚持一点儿。

5．熟悉自定义函数格式，如表 5-3 所示。

表 5-3　自定义函数格式

格式：
类型说明符　函数名([类型说明符　形参1, 类型说明符　形参2, …, 类型说明符　形参 n]) {
函数体语句组；
}

类型说明符	函数的数据类型	int，char，float，double，void
函数名	标识符	sum，fun，print
形参列表	若干形式参数	int a,int b,int c
函数体语句组	语句	float c;c=a;return c;

6．编写程序，练习自定义函数格式。

练习实例：（5-4.c）

```
void fun1(){                        //无参数无返回值函数
    printf("******************\n");
}
int fun2(){                         //无参数有返回值函数
```

```
        return 0;
    }
    void fun3(int a,int b){          //有参数无返回值函数
        printf("%d\n",a+b);
    }
    float fun4(float a,float b){     //有参数有返回值函数
        return a*b;
    }
```

7. 用自定义函数解决实际问题。编写程序，输出两个数中的较大数。

练习实例：（5-5.c）

```
    #include<stdio.h>
    double max(double a,double b){
        double c;
        if(a>b)
            c=a;
        else
            c=b;
        return c;
    }
    void main(){
        double x,y;
        printf("请输入两个数：\n");
        scanf("%lf%lf",&x,&y);
        printf("两个数中的较大数：%lf\n",max(x,y));
    }
```

8. 用自定义函数解决实际问题。编写程序，输出 1+2+…+100 的值。

练习实例：（5-6.c）

```
    #include<stdio.h>
    void main(){
        printf("1+2+…+100=%d\n",sum());
    }
    int sum(){
        int i,sum=0;
        for(i=1;i<=100;i++){
            sum+=i;
        }
```

```
    return sum;
}
```

9. 用自定义函数解决实际问题。编写程序，判断输入的年份是不是闰年并输出。

练习实例：（5-7.c）

```
#include<stdio.h>
void main(){
    int y;
    printf("输入年份：\n");
    scanf("%d",&y);
    if(leapYear)
        printf("%d是闰年\n",y);
    else
        printf("%d不是闰年\n",y);
}
int leapYear(int year){
    if(year%4==0&&year%100!=0||year%400==0)
        return 1;
    else
        return 0;
}
```

10. 熟悉自定义函数原型说明格式，如表 5-4 所示。

表 5-4　自定义函数原型说明格式

类型说明符　函数名([形参 1 类型说明符, 形参 2 类型说明符,…,形参 n 类型说明符]);	
无参数无返回值函数	void fun1();
无参数有返回值函数	int fun2();
有参数无返回值函数	void fun3(float,float);
有参数有返回值函数	float fun4(float,float);

11. 熟悉自定义函数原型格式。编写程序，实现输入数字后，完成相应的计算并输出。

练习实例：（5-8.c）

```
#include<stdio.h>
double add(double,double);
double subtract(double,double);
double multiply(double,double);
double divide(double,double);
void main(){
```

```
    double x,y;
    printf("请输入两个数：\n");
    scanf("%lf%lf",&x,&y);
    printf("%.2lf+%.2lf=%.2lf\n",x,y,add(x,y));
    printf("%.2lf-%.2lf=%.2lf\n",x,y,subtract(x,y));
    printf("%.2lf*%.2lf=%.2lf\n",x,y,multiply(x,y));
    printf("%.2lf/%.2lf=%.2lf\n",x,y,divide (x,y));
}
double add(double a,double b){
    return a+b;
}
double subtract(double a,double b){
    return a-b;
}
double multiply(double a,double b){
    return a*b;
}
double divide(double a,double b){
    return a/b;
}
```

12. 熟悉自定义函数调用格式，如表 5-5 所示。

表 5-5　自定义函数调用格式

自定义函数	调用格式	示　例
无参数无返回值函数	函数名();	fun1();
有参数无返回值函数	函数名(实参);	fun2(a);
无参数有返回值函数	变量名=函数名();	m=sum();
有参数有返回值函数	变量名=函数名(实参);	s=area(20,10);

13. 熟悉自定义函数调用格式。编写程序，实现输入 3 个实数，输出最大数。

练习实例：（5-9.c）

```
#include<stdio.h>
float max(float,float);
void print();
void main(){
    float a,b,c,m;
    printf("输入3个实数：");
```

```
    scanf("%f%f%f",&a,&b,&c);
    m=max(max(a,b),c);
    print();
    printf("3个数中的最大数:%10.2f\n",m);
    print();
}
float max(float a,float b){
    float c;
    if(a>b)
        c=a;
    else
        c=b;
    return c;
}
void print(){
    printf("######################\n");
}
```

【实训小结】

完成如表 5-6 所示的实训小结。

表 5-6　实训小结

知识巩固	用自定义函数编写程序，实现学生成绩等级判断，并在主函数中进行调用
问题总结	
收获总结	
拓展提高	在党史知识学习系统中，用自定义函数封装党史学习功能、党史竞赛功能、计分功能、证书打印功能及登录检查功能

实训 5-2   参数传递、函数嵌套调用、递归函数和调用

【实训学时】1 学时

【实训目的】

1．理解实参与形参。

2．掌握函数调用时的参数传递分类。

3．掌握函数嵌套调用的执行过程。

4．掌握递归函数的分析、定义和调用。

【实训内容】

1．熟悉实参与形参，如表 5-7 所示。

表 5-7   实参与形参

序　号	实　参	形　参	返 回 值
1		家庭自制面包的配方和方法如下。 （1）只需高筋面粉、全麦低筋面粉或饺子粉 1 碗即可做出近满桶的大吐司面包。 （2）纯牛奶、冷开水或奶粉+冷开水 110ml、鸡蛋 1 个、盐半小勺、糖 2 大勺、安琪高活性干酵母半小勺。 （3）任意一种植物油或天然黄油 1 大勺（不要使用人造黄油，虽然价格便宜，但是其中的反式脂肪酸不能被人体吸收，会沉积在血管里）。 （4）将材料和成面团放在面包机内发酵。当面团膨胀明显，用手插小洞不回缩时，发酵结束。 （5）面包机开始烤面包，上火 220℃，下火 200℃，成熟即可	
2	x,y	max(a,b)	较大数

实参与形参的对应关系如图 5-1 所示。

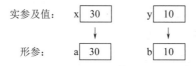

图 5-1   实参与形参的对应关系

2．掌握函数调用时的参数传递类型，如表 5-8 所示。

表 5-8   参数传递类型

参数传递类型	传 递 内 容	过　程	分　析
值传递	参数值	将实参的值计算出来传递给对应的形参	实参向形参单向一次传递，形参值的改变不会影响到实参
地址传递	地址值	实参和形参都是地址类型的指针	实参和形参指向同一个存储空间，形参值的改变会影响到实参

3. 用自定义函数调用值传递过程解决实际问题。编写程序，计算矩形的面积并输出。

练习实例：（5-10.c）

```c
#include<stdio.h>
float area(float a,float b){
    return a*b;
}
void main(){
    float l,w,s;
    printf("请输入矩形的长和宽：");
    scanf("%f%f",&l,&w);
    s=area(l,w);
    printf("矩形的面积：%10.2f\n",s);
}
```

4. 用自定义函数调用值传递过程解决实际问题。编写程序，计算 3 个整数的平均数并输出。

练习实例：（5-11.c）

```c
#include<stdio.h>
double ave(int a,int b,int c){
    return(a+b+c)/3.0;
}
void main(){
    int a,b,c;
    printf("请输入3个整数：");
    scanf("%d%d%d",&a,&b,&c);
    printf("3个整数的平均数：%lf\n",ave(a,b,c));
}
```

5. 用自定义函数调用地址传递过程解决实际问题。编写程序，计算一维数组中所有元素值的总和并输出。

练习实例：（5-12.c）

```c
#include<stdio.h>
#define N 5
int sum(int *arr,int);
void main(){
    int a[N],i;
    printf("请输入%d个整数:",N);
    for(i=0;i<N;i++)
        scanf("%d",&a[i]);
```

```
    printf("这些整数之和:%10d\n",sum(a,N));
}
int sum(int *arr,int size){
    int j,s=0;
    for(j=0;j<size;j++)
        s+=arr[j];
    return s;
}
```

6. 熟悉函数嵌套调用执行过程, 如图 5-2 所示。

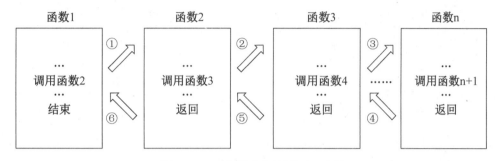

图 5-2　函数嵌套调用执行过程

7. 编写程序, 理解函数嵌套调用的执行过程。

练习实例:(5-13.c)

```
#include<stdio.h>
void fun1();
void fun2();
void fun3();
void fun4();
void fun1(){
    fun2();
    printf("调用fun2()\n");
}
void fun2(){
    fun3();
    printf("调用fun3()\n");
}
void fun3(){
    fun4();
    printf("调用fun4()\n");
}
void fun4(){
    printf("fun4执行结束! \n");
```

```
    }
    void main(){
        fun1();
    }
```

8. 编写程序，理解递归函数的执行过程。

n 的阶乘（n!）的计算公式：

$$n!\begin{cases}1 & (n=1)\\ n*(n-1)! & (n>1)\end{cases}$$

练习实例：（5-14.c）

```
#include<stdio.h>
long fac(int n){   //求n的阶乘
    if(n==1){
        return 1;
    }else{
        return fac(n-1)*n;   //递归调用
    }
}
void main(){
    int a;
    printf("输入整数(1~13):");
    scanf("%d",&a);
    printf("%d!=%ld\n",a,fac(a));
}
```

如输入 5，递归函数调用过程和执行过程分别如表 5-9 和图 5-3 所示。

表 5-9   递归函数调用过程

层次/层数	形参/实参	调 用 形 式	需要计算的表达式	需要等待的结果
1	n=5	fac(5)	fac(4) * 5	fac(4)的结果
2	n=4	fac(4)	fac(3) * 4	fac(3)的结果
3	n=3	fac(3)	fac(2) * 3	fac(2)的结果
4	n=2	fac(2)	fac(1) * 2	fac(1)的结果
5	n=1	fac(1)	1	无

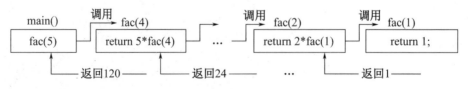

图 5-3   递归函数执行过程

9. 理解递归函数调用过程。编写程序，计算 1+2+3+…+n 的值并输出。

练习实例：（5-15.c）

```c
#include<stdio.h>
int sum(int n){
    if(n==1){
        return 1;
    }else{
        return sum(n-1)+n;   //递归调用
    }
}
void main(){
    int i;
    printf("输入一个正整数:");
    scanf("%d",&i);
    printf("1+2+3+…%d=%d\n",i,sum(i));
}
```

10. 理解递归函数调用过程。编写程序，输出斐波那契数列的第 n 项。

练习实例：（5-16.c）

```c
#include<stdio.h>
long fib(int n){
    if (n==1||n==2){
        return 1;
    }else{
        return fib(n-1)+fib(n-2); //递归调用
    }
}
void main(){
    int a;
    printf("输入一个正整数:");
    scanf("%d",&a);
    printf("斐波那契数列的第%d项：%ld\n",a,fib(a));
}
```

【实训小结】

完成如表 5-10 所示的实训小结。

表 5-10　实训小结

知识巩固	使用递归函数的方法，输出等差数列 5,10,15,20,…,100
问题总结	
收获总结	
拓展提高	在党史知识学习系统中，用自定义函数实现根据选手分数，判断选手最终成绩等级，并打印证书

实训 5-3　全局变量和局部变量、变量的存储类别

【实训学时】2 学时

【实训目的】

1．理解全局变量和局部变量的区别。

2．在程序设计中应用全局变量和局部变量。

3．理解不同的变量存储类型的特点。

4．将 4 种存储类型的变量应用在程序中。

【实训内容】

1．熟悉全局变量和局部变量的区别，如表 5-11 所示。

表 5-11　全局变量和局部变量的区别

变　　量	位　　置	相关说明符	作　用　域	说　　　　明
全局变量	函数外部	extern	静态存储区	属于一个源程序文件，在函数外部定义，可以被其他文件中的函数使用
局部变量	函数内部	auto 或省略	函数内部	在自定义函数或复合语句中，不同的函数可以使用相同的变量名

2．用全局变量编写程序，全局变量与调用函数在同一个源程序文件中，在函数前定义，用默认初始值。

练习实例：（5-17.c）

```c
#include<stdio.h>
int a,b,c;
float x,y,z;
char c1,c2,c3;
void main(){
    printf("a=%d,b=%d,c=%d\n",a,b,c);
    printf("x=%f,y=%f,z=%f\n",x,y,z);
    printf("c1=%c,c2=%c,c3=%c\n",c1,c2,c3);
}
```

3．用全局变量编写程序，全局变量与调用函数在同一个源程序文件中，在函数后定义。

练习实例：（5-18-1.c）

```c
#include<stdio.h>
void main(){
    extern int a,b,c;
    extern float x;
```

```
    x=10;
    c=99;
    printf("a=%d,b=%d,c=%d\n",a,b,c);
    printf("x=%f\n",x);
}
int a=13,b=29,c;
float x;
```

练习实例：（5-18-2.c）

```
#include<stdio.h>
void main(){
    extern int a,b,c;
    c=99;
    printf("a=%d,b=%d,c=%d\n",a,b,c);
    extern float x;
    x=10;
    printf("x=%f\n",x);
}
int a=13,b=29,c;
float x;
```

4. 用全局变量编写程序，全局变量与调用函数不在同一个源程序文件中，在函数后定义。

练习实例：（5-19-1.c）

```
int a=10,b=20;
float x,y;
char c1,c2;
```

练习实例：（5-19-2.c）

```
#include<stdio.h>
extern int a,b;
extern float x,y;
extern char c1,c2;
void main(){
    printf("a=%d,b=%d\n",a,b);
    x+=a;
    y+=b;
    printf("x=%f,y=%f\n",x,y);
    c1= 'A';
    c2= c1+65;
    printf("c1=%c, c2=%c\n",c1,c2);
}
```

练习实例：（5-19-3.c）

```c
#include<stdio.h>
extern int a,b;
void main(){
    int x,y;
    printf("a=%d,b=%d\n",a,b);
    x=++a;
    y=--b;
    printf("x=%d,y=%d\n",x,y);
    x=a++;
    y=b--;
    printf("x=%d,y=%d\n",x,y);
}
```

5. 用局部变量编写程序，实现输入学生的分数后，判断学生的成绩等级并输出。

练习实例：（5-20.c）

```c
#include<stdio.h>
char grade(int);
void main(){
    int score;
    printf("请输入学生的分数：");
    scanf("%d",&score);
    printf("学生的成绩等级%3c\n",grade(score));
}
char grade(int score){
    char grade;
    switch(score/10){
        case 10:
        case 9: grade='A'; break;
        case 8: grade='B'; break;
        case 7: grade='C'; break;
        case 6: grade='D'; break;
        case 5:
        case 4:
        case 3:
        case 2:
        case 1:
        case 0: grade='E'; break;
    }
```

```
        return grade;
    }
```

6. 用局部变量编写程序，实现输入选手信息，打印党史知识学习系统竞赛选手的证书。

练习实例：（5-21.c）

```
#include<stdio.h>
void printCard ();
void main(){
    printCard();
}
void printCard (){
    char num[3],name[8],grade;
    printf("请输入你的参赛序号：");
    gets(num);
    printf("请输入你的姓名：");
    gets(name);
    printf("请输入成绩等级：");
    grade=getchar();
    printf("■■■■■                          ■■■■■\n");
    printf("■ 证书编号：%s                   ■\n",num);
    printf("■         中国共产党(1921—2021)百年党史    ■\n");
    printf("■                  知识竞赛荣誉证书        ■\n");
    printf("■%6s同学：                     ■\n",name);
    printf("■     在党史知识竞赛中表现突出，成绩突出，等级%c。 ■\n",grade);
    printf("■         特发此证，以资鼓励！              ■\n");
    printf("■                        党史知识竞赛主办方 ■\n");
    printf("■                        2021年5月20日    ■\n");
    printf("■■■■■                          ■■■■■\n");
    printf("\n");
}
```

7. 熟悉不同的变量存储类型，如表 5-12 所示。

表 5-12 变量存储类型

变量存储类型	存储类型符	存 储 位 置	示　　例
寄存器变量	register	CPU 寄存器	register int i;
静态变量	static	静态存储区	static int x;
外部变量	extern	静态存储区	extern A,B;
自动变量	auto 或省略	内存动态存储区	auto int a;

8. 用寄存器变量编写程序，计算 π 的值。

$$\pi = 4 \times \left(1 - \frac{1}{3} + \frac{1}{5} - \frac{1}{7} + \frac{1}{9} - \cdots\right)$$

练习实例：（5-22.c）

```
#include<stdio.h>
void main(){
    register int i;   //寄存器变量
    double sign=1.0,pi=0,d=1.0;
    for(i=1;i<=100000000;i++){
        pi+=d;
        sign*=-1;
        d=sign/(2*i+1);
    }
    pi*=4;
    printf("π is %f\n",pi);
}
```

9. 用寄存器变量编写程序，计算 1+2+···+1000000000 的值，并输出计算时间。

练习实例：（5-23.c）

```
#include<stdio.h>
#include<time.h>
void main(){
    time_t t_start,t_end;
    register double i,sum=0;
    t_start=time(NULL);
    for(i=1;i<=1000000000;i++)
        sum+=i;
    printf("sum=%lf\n",sum);
    t_end=time(NULL);
    printf("time:%.10lf  s\n",difftime(t_end,t_start));
}
```

10. 用静态变量编写程序，练习静态变量的调用。

练习实例：（5-24-1.c）

```
#include<stdio.h>
void increment(){
    static  int x=0;
    x=x+1;
    printf("静态变量x的值是%d\n",x);
```

```
    }
    void main(){
        increment();
        increment();
        increment();
    }
```

练习实例：（5-24-2.c）

```
#include<stdio.h>
static int x;
void increment(){
    x=x+1;
    printf("静态变量x的值是%d\n",x);
}
void main(){
    increment();
    increment();
    increment();
}
```

11. 用静态变量编写程序，实现密码输入错误 3 次提示自动锁定。

练习实例：（5-25.c）

```
#include<stdio.h>
#include<string.h>
static int n=0;
void main(){
    char userName[]="Admin",passWord[]="ZAQ!";
    char iptUN[5],iptPW[5];
    while(1){
        printf("请输入账号:");
        gets(iptUN);
        printf("请输入密码:");
        gets(iptPW);
        n++;
        if(strcmp(userName,iptUN)==0&&strcmp(passWord,iptPW)==0){
            printf("登录成功，程序继续执行……\n");
            break;
        }else{
            printf("账号或密码错误\n");
```

```
        if(n>=3){
            printf("错误3次，将被锁定1天！\n");
            break;
        }
    }
}
```

12. 用外部变量编写程序，外部变量与调用函数在同一个源程序文件中。

练习实例：（5-26.c）

```
#include<stdio.h>
int X,Y;
int max(int x,int y){
    int z;
    z=x>y?x:y;
    return z;
}
void main(){
    scanf("%d%d",&X,&Y);
    printf("X,Y中的较大数：%d\n",max(X,Y));
    extern A,B;
    printf("%d\n",max(A,B));
    printf("A,B中的较大数：%d\n",max(A,B));
}
int A=13,B=-8;
```

13. 用外部变量编写程序，外部变量与调用函数不在同一个源程序文件中。

练习实例：（5-27-1.c）

```
int X,Y;
int A=13,B=-8;
int max(int x,int y){
    int z;
    z=x>y?x:y;
    return z;
}
```

练习实例：（5-27-2.c）

```
#include<stdio.h>
void main(){
    extern int X,Y;
```

```
    extern int max(int,int);
    scanf("%d%d",&X,&Y);
    printf("X,Y中的较大数：%d\n",max(X,Y));
    extern int A,B;
    printf("A,B中的较大数：%d\n",max(A,B));
}
```

14．用外部变量编写程序，解决程序中的错误。

练习实例：（5-28.c）

```
#include<stdio.h>
int max(int x,int y){
    int z;
    z=x>y?x:y;
    return z;
}
void main(){
    int A=100,B=10;        //该行语句为注释和非注释时，观察运行结果
    extern A,B;            //该行语句为注释和非注释时，观察运行结果
    printf("%d\n",max(A,B));
    printf("A,B中的较大数：%d\n",max(A,B));
}
int A=13,B=-8;
```

【实训小结】

完成如表 5-13 所示的实训小结。

表 5-13　实训小结

知识巩固	1. 声明用 static 修饰的整型变量 n，并初始化为 0。 2. 编写程序，计算 1+2+…+n 的值，在程序中用 register 修饰整型变量 i
问题总结	
收获总结	
拓展提高	在党史知识学习系统中，将选手的分数组定义为外部变量，使计分程序、证书打印程序都可以应用该外部变量，实现答完题后，可查看最终成绩并打印出证书

实训 5-4　内部函数和外部函数

【实训学时】1 学时

【实训目的】

1．理解内部函数和外部函数的区别。

2．理解内部函数和外部函数有效范围的特点。

3．在程序设计中应用内部函数和外部函数。

【实训内容】

1．熟悉内部函数和外部函数的区别，如表 5-14 所示。

表 5-14　内部函数和外部函数的区别

函　数	位　置	相关说明符	使　用　说　明
内部函数	同一个源程序文件	static	其他文件不能引用此函数或变量，提高了程序的可靠性
外部函数	不同源程序文件	extern 或省略	可被其他文件调用。用函数原型能够把函数的作用域扩展到定义该函数的文件之外

2．用内部函数编写程序，实现在同一个文件内的函数调用。

练习实例：（5-29.c）

```
#include<stdio.h>
void func1(int k);
void main(){
    func1(20);
}
void func1(int k){
    j=k*100;
    printf("j=%d\n",j);
}
```

3．用外部函数编写程序，实现在不同文件间的函数调用。

练习实例：（5-30-1.c）

```
#include<stdio.h>
static int X=10,Y=20;
int A=10,B=20;
void func2(int i,int j){
    static float k;/*定义静态变量*/
    i=j*5/100;
```

```
        k=i/1.5f;
        printf("i=%d\n",i);
        printf("j=%d\n",j);
        printf("k=%f\n",k);
    }
```

练习实例：（5-30-2.c）

```
    #include<stdio.h>
    extern void func2(int i,int j);
    void main(){
        //extern int X,Y;
        extern int A,B;
        func2(10,20);
        //func2(X,Y);
        func2(A,B);
    }
```

4. 用外部函数编写程序，实现在不同文件间的函数调用。

练习实例：（5-31-1.c）

```
    #include<stdio.h>
    char str[10];
    char c;
    void enterStr(char str[10]){
        gets(str);
    }
    void printStr(char str[10]){
        puts(str);
    }
```

练习实例：（5-31-2.c）

```
    #include<stdio.h>
    char str[10];
    char c;
    static void enterStr(char str[10]){
        gets(str);
    }
    static void printStr(char str[10]){
        puts(str);
    }
```

练习实例：（5-31-3.c）

```c
#include<stdio.h>
void main(){
    extern char str[10];
    extern char c;
    extern void enterStr(char str[10]);
    extern void printStr(char str[10]);
    enterStr(str);
    printStr(str);
}
```

5. 用外部函数编写程序，实现输入学生姓名和成绩，能打印学生成绩单。

练习实例：（5-32.c）

```c
#include<stdio.h>
static int enterScore(){
    int score;
    scanf("%d",&score);
    return score;
}
static void enterName(char name[8]){
    gets(name);
}
static void printName(char name[8],int score){
    puts(name);
    printf("%d\n",score);
}
void main(){
    char name[8];
    int score;
    printf("请输入学生姓名：");
    enterName(name);
    printf("请输入学生成绩：");
    score=enterScore();
    printName(name,score);
}
```

6. 用外部函数编写程序，删除字符串中指定的字符。

练习实例：（5-33-1.c）

```
#include<stdio.h>
extern void delete_string(char str[],char ch);
void main(){
    char str[80],c;
    printf("输入字符串:");
    gets(str);
    printf("%s\n",str);
    printf("输入字符:");
    scanf("%c",&c);
    printf("删除字符:");
    deleteCh(str,c);
    printf("%s\n",str);
}
```

练习实例：（5-33-2.c）

```
void deleteCh(char str[],char ch){
    int i,j;
    for(i=j=0;str[i]!='\0';i++)
        if(str[i]!=ch)
            str[j++]=str[i];
    str[j]='\0';
}
```

【实训小结】

完成如表 5-15 所示的实训小结。

表 5-15　实训小结

知识巩固	新建源程序文件 file1.c 和 file2.c，在 file1.c 中定义 static 变量和 static 函数。在 file2.c 中引用 file1.c 中的变量和函数。编译两个源程序，理解内部函数与外部函数的区别
问题总结	
收获总结	
拓展提高	在党史知识学习系统中，将实现登录功能的函数定义成 static 函数，仅限在本文件内调用，其他函数不用 static 修饰，允许其他文件调用

自我评价与考核

完成如表 5-16 所示的自我评价与考核表。

表 5-16　自我评价与考核表

评测内容：	函数分类、函数定义、函数原型说明、函数调用、实参与形参、参数传递、函数嵌套调用、递归函数、变量作用域范围、变量存储类别、内部函数、外部函数		
完成时间：	完成情况：　□优秀□良好□中等□合格□不合格		
序　号	知　识　点	自　我　评　价	教　师　评　价
1	系统函数的共同特点，查阅函数原型的方法		
2	调用系统函数与库文件包含函数		
3	自定义函数格式		
4	函数原型说明		
5	函数调用格式		
6	在程序设计中用自定义函数解决实际问题		
7	区分实参与形参		
8	参数传递方向与结果		
9	函数嵌套调用过程		
10	递归函数的特点		
11	定义递归函数		
12	递归函数调用过程		
13	全局变量和局部变量的作用域		
14	寄存器变量、静态变量、外部变量和自动变量存储的区别		
15	在程序设计中应用寄存器变量、静态变量、外部变量和自动变量		
16	内部函数和外部函数的区别，在程序设计中应用内部函数和外部函数		
需要改进的内容：			

习题 5

一、填空题

1. 函数分为_____和_____。

2．无返回值的自定义函数的数据类型符是_____。

3．自定义函数 add()可以计算出两个整数的和，该函数的数据类型符是_____。

4．定义函数时所用的参数称为_____，调用函数时所用的参数称为_____。

5．函数调用时参数的传递分为_____和_____。

6．被调用的函数在主函数 main()后面定义，在主函数 main()中调用该自定义函数时，要在主函数 main()前面或里面对自定义函数进行_____。

二、选择题

1．以下函数定义正确的是（   ）。

    A．int fun(int x,y){}   B．fun(int x,y){}

    C．int fun(int x, int y){}   D．以上都不正确

2．有自定义函数 fun()，以下说法正确的是（   ）。

```
void fun(int x,y){
    return x+y;
}
```

    A．返回两个形参之和   B．错误的定义，应改为

                          int fun(int x, int y)

                          {

                              return x+y;

                          }

    C．定义形参 x 和 y   D．以上都不正确

3．在 C 语言中，关于函数调用，以下说法正确的是（   ）。

    A．实参和形参各占一个独立的存储单元

    B．实参和形参可以公用存储单元

    C．可以由用户指定实参和形参是否公用存储单元

    D．以上都不正确

4．C 语言中的函数（   ）。

    A．不可以嵌套定义   B．不可以嵌套调用

    C．不可以递归调用   D．以上都不正确

5．以下变量中，生存期和作用域不一致的是（   ）。

    A．自动变量   B．定义在文件最前面的外部变量

    C．静态内部变量   D．寄存器变量

6．C 语言中，形参的默认存储类型是（   ）。

    A．自动（auto）   B．静态（static）

    C．寄存器（register）   D．外部（extern）

7. 在一个 C 语言程序文件中，若要定义一个允许同一个工程中的所有文件都可引用的全局变量，则该变量需要使用的存储类型是（　　）。

A．extern   B．register   C．auto   D．static

8. 以下程序的输出结果是（　　）。

```c
#include<stdio.h>
int d=1;
fun(int p){
    int d=5;
    d=p;
    printf("%d",d);
}
void main(){
    int a=3;
    fun(a);
    d=a;
    printf("%d\n",d);
}
```

A．8 4   B．9 6   C．3 3   D．8 5

9. 以下程序的输出结果是（　　）。

```c
#include<stdio.h>
int MIN(int x,int y){
    return x<y?x:y;
}
void main(){
    int i,j,k;
    i=10;
    j=15;
    k=10*MIN(i,j);
    printf("%d\n",k);
}
```

A．15   B．100   C．10   D．150

10. 以下程序的输出结果是（　　）。

```c
#include<stdio.h>
void prtv(int x){
    printf("%d\n",x*x);
}
void main(){
```

```
    int a=25;
    prtv(a);
}
```

A. 625   B. 1024   C. a 的地址值   D. 26

11. 以下程序的输出结果是（   ）。

```
#include<stdio.h>
float f(float x,float y){
    x+=1;
    y+=x;
    return y;
}
void main(){
    float a=1.6f,b=1.8f;
    printf("%f\n",f(b-a,a));
}
```

A. 2.800000   B. 2.000000   C. 2   D. 以上结果都不正确

12. 以下程序的输出结果是（   ）。

```
#include<stdio.h>
void fun(int a,int b,int c){
    printf("%d,%d,%d\n",a,b,c);
}
void  main(){
    int x=10,y=20,z=30;
    fun(x,y,z);
}
```

A. 30,20,10   B. 10,20,30

C. 456,567,678   D. 678,567,456

13. 以下程序的输出结果是（   ）。

```
#include<stdio.h>
void fun2(char a,char b){
    printf("%c%c",a,b);
}
char a='A',b='B';
void fun1(){
    a='C';
    b='D';
}
```

```
void main(){
    fun1();
    printf("%c%c",a,b);
    fun2('E','F');
}
```

A. CDEF   B. ABEF   C. ABCD   D. CDAB

三、程序填空题

1. 以下程序的输出结果是_____。

```
#include<stdio.h>
swap(int p,int q){
    int t;
    t=p;
    p=q;
    q=t;
}
void main(){
    int a=10,b=20;
    swap(a,b);
    printf("%d   %d\n",a,b);
}
```

2. 以下程序的输出结果是_____。

```
#include<stdio.h>
fun(int x,int y){
    return(x+y);
}
void main(){
    int a=1,b=2,c=3,sum;
    sum=fun((a++,b++,a+b),c++);
    printf("%d\n",sum);
}
```

3. 以下程序的输出结果是_____。

```
#include<stdio.h>
int f(n)
int n;
{
    static int s=1;
    while(n)
    s*=n--;
```

```
        return s;
    }
    void main(){
        int i,j;
        i=f(3);
        j=f(5);
        printf("i=%d j=%d \n",i,j);
    }
```

4. 运行以下程序时，输入 5，输出结果是_____。

```
#include<stdio.h>
unsigned long fact(unsigned int n);
void main(){
    unsigned int i,n;
    printf("Input n(n>0):");
    scanf("%u",&n);
    for(i=1;i<=n;i++){
        printf("%d!=%lu\n",i,fact(i));
    }
}
unsigned long fact(unsigned int n){
    unsigned int i;
    unsigned long result=1;
    for(i=2;i<=n;i++)
        result*=i;
    return result;
}
```

四、编程题

1. 编写程序，用自定义函数实现输出学生的基本信息（学号、姓名、年龄）。

2. 编写程序，用自定义函数实现输入英文文章后，统计单词个数并输出。

3. 编写程序，用自定义函数实现输入 5 个数，输出其平均值。

4. 编写程序，用自定义函数实现将十进制整数转换成二进制整数。

5. 编写程序，用自定义函数实现输入一个整数 n，计算 1～n 范围内所有整数之和并输出。

6. 编写程序，用自定义函数实现将 10 名学生的成绩按降序排列并输出。

实训小结与易错点分析

函数使程序的结构更加清晰，代码更少，大大提高了程序的开发效率。需要掌握与系统函数相关的库文件包含函数、类型、函数调用、实参与形参之间的参数传递、函数的返回值，这很重要；系统函数和自定义函数格式、自定义函数原型说明与调用的关系和作用域也很重要。

C 语言程序在用到函数时需要注意的内容如下。

（1）没有包含被调用的函数所属的文件，程序编译时报警告信息 "warning C4013: '函数名' undefined; assuming extern returning int"。

（2）没有对所调用的函数进行函数原型说明，程序编译时报警告信息 "warning C4013: 'add' undefined; assuming extern returning int"。

（3）调用自定义函数时，实参和形参类型不一致，程序编译时提示 "'function' : conversion from 'double ' to 'int ', possible loss of data"，涉及数据类型转换问题。

（4）函数中局部变量未赋值、未进行初始化，程序编译时报警告信息 "warning C4700: local variable 'a' used without having been initialized"，程序运行结果错误。

（5）取寄存器变量地址，程序编译时报错误信息 "error: address of register variable 'i' requested"。

（6）返回值的数据类型与自定义函数数据类型不一致，程序编译时报警告信息 "warning C4244: 'return' : conversion from 'double ' to 'char ', possible loss of data"。

（7）在程序中引用外部变量，为外部变量赋值，如 "extern float x=10;"，程序编译时报错误信息 "error C2205: 'x' : cannot initialize extern variables with block scope"。

（8）在程序中引用 static 的外部变量和外部函数，程序编译时提示 "unresolved external symbol "void __cdecl deleteCh(char * const,char)" (?deleteCh@@YAXQADD@Z)Debug/9.exe: fatal error LNK1120: 1 unresolved externals"。

第6章 指针

学习任务

❖ 理解指针变量的概念，定义指针变量的格式。

❖ 掌握引用指针变量的方法。

❖ 掌握在编程中将指针变量作为函数参数。

❖ 掌握返回值是指针类型的函数的定义与使用。

❖ 掌握使用指针引用数组。

❖ 掌握与指针相关的运算。

实训任务

实训 6-1　指针与变量

【实训学时】1 学时

【实训目的】

1．掌握定义和使用指针变量的方法。

2．理解指针与变量的关系。

3．理解指针的数据类型。

4．掌握使用指针访问变量的方法。

5．在程序设计中应用和对比指针与指针变量。

【实训内容】

1．熟悉用户内存数据区的存储形式，如图 6-1 所示。

```
地址    用户内存数据区    变量
              ...
2000          3          变量a
2004          6          变量b
              ...
3010         2000        变量pa
3014         2004        变量pb
              ...
```

图 6-1　内存数据区的存储形式

2．熟悉指针与变量的关系，如图 6-2 所示。

int a=10;

int *pa;

pa=&a;

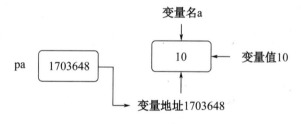

图 6-2　指针与变量的关系

3．熟悉定义指针变量的格式，如表 6-1 所示。

表 6-1　定义指针变量的格式

定义指针变量	说　　明	示　　例
格式 1	数据类型符*指针变量名 1，*指针变量名 2，…，*指针变量名 n；	int *p1,*p2; float * p3; char * p4;
格式 2	数据类型符*指针变量名 1=&变量 1，…，*指针变量名 n=&变量 n；	int a; int *pa=&a;

4．编写程序，定义指针变量，为指针变量赋值，区分指针变量与变量地址。

练习实例：（6-1.c）

```c
#include<stdio.h>
void main(){
    int i=3,*pi;
    float x=1.2f,*px;
```

```
        char c='A',*pc;
        pi=&i;
        printf("变量i=%d,变量i地址=%d\n",i,&i);
        printf("pi指向变量值=%d,pi=%d\n",*pi,pi);
        px=&x;
        printf("变量x=%f,变量x地址=%d\n",x,&x);
        printf("px指向变量值=%f,px=%d\n",*px,px);
        pc=&c;
        printf("变量c=%c,变量c地址=%d\n",c,&c);
        printf("pc指向变量值=%c,pc=%d\n",*pc,pc);
    }
```

5. 编写程序，在定义指针变量时为指针变量赋值。

练习实例：（6-2.c）

```
#include<stdio.h>
void main(){
    int a=7,b=5,c,d,*pa=&a,*pb=&b;
    c=a+b;
    printf("变量a=%d,指针*pa=%d\n",a,*pa);
    printf("变量b=%d,指针*pb=%d\n",b,*pb);
    printf("变量c=%d\n",c);
    printf("%d+%d=%d\n",a,b,c);
    d=*pa+*pb;
    printf("d=%d\n",d);
    printf("%d+%d=%d\n",*pa,*pb,d);
    printf("%d+%d=%d\n",a,b,d);
}
```

6. 编写程序，认识空指针。

练习实例：（6-3.c）

```
#include<stdio.h>
void main(){
    int *p=NULL,a=10,b=100;
    printf("p=%d\n",p);
    printf("*p=%d\n",*p);
    p=&a;
    printf("p=%d\n",p);
    printf("*p=%d\n",*p);
    p=&b;
    printf("p=%d\n",p);
```

```
    printf("*p=%d\n",*p);
}
```

7. 用指针变量编写程序，交换两个指针。

练习实例：（6-4.c）

```
#include<stdio.h>
void main(){
    int *pa,*pb,*p,a,b;
    pa=&a;pb=&b;
    printf("请输入两个整数");
    scanf("%d%d",&a,&b);
    if(a>b){
        p=pa;pa=pb;pb=p;
    }
    printf("a=%d,b=%d\n",a,b);
    printf("从小到大输出两个整数：%d,%d\n",*pa,*pb);
}
```

8. 用指针变量解决实际问题。编写程序，实现输入 a 和 b 两个整数，输出两个数中的较大数。

练习实例：（6-5.c）

```
#include<stdio.h>
void main(){
    int a,b,*max;
    printf("请输入两个整数：");
    scanf("%d%d",&a,&b);
    if(a>b)
        max=&a;
    else
        max=&b;
    printf("两个数中的较大数：%5d\n",*max);
}
```

【实训小结】

完成如表 6-2 所示的实训小结。

表 6-2　实训小结

知识巩固	1．声明整型变量 a 和指向变量 a 的指针 pa，以两种方式输出变量 a 的值。 2．声明双精度类型变量 x 和指向变量 x 的指针 px，以两种方式输出变量 x 的值。 3．声明字符型变量 c 和指向变量 c 的指针 pc，以两种方式输出变量 c 的值
问题总结	
收获总结	
拓展提高	在党史知识学习系统中，将统计输入账号和密码次数的变量 n 改为用指针*pn 引用

实训 6-2　指针与函数

【实训学时】1 学时

【实训目的】

1. 掌握指针变量作为函数参数的定义与调用。

2. 掌握返回值是指针的函数的定义与调用。

3. 理解指针变量与函数的关系。

4. 在实际应用中设计在函数中使用指针。

【实训内容】

1. 熟悉指针变量作为函数参数的定义、调用和原型说明，如表 6-3 所示。

表 6-3　指针变量作为函数参数的定义、调用和原型说明

操　作	格　式	示　例

定义	类型　函数名(指针变量,指针变量){
	　　函数体语句组;
	}
		int max(int *x, int *y){
		　　return *x>*y?*x:*y;
		}

调用	函数名(指针变量,指针变量)	max(pa,pb);
原型说明	类型　函数名(类型 *,类型 *);	int max(int *, int *);

2. 将指针变量作为函数参数编写程序，实现输入 a 和 b 两个整数，输出两个数中的较大数。

练习实例：（6-6.c）

```c
#include<stdio.h>
int max(int *x,int *y){
    return *x>*y?*x:*y;
}
void main(){
    int a,b,maxnum,*pa,*pb;
    printf("Input two numbers:\n");
    scanf("%d%d",&a,&b);
    pa=&a;
    pb=&b;
    maxnum=max(pa,pb);
    printf("maxnum=%d\n",maxnum);
}
```

3. 将指针变量作为函数参数编写程序，对输入的数字进行求和并输出。

练习实例：（6-7.c）

```c
#include<stdio.h>
int n(int *n){
    return *n;
}
void main(){
    int a,*pa=&a;
    int s=0;
    printf("请输入数字，输入0时结束：\n");
    do{
        scanf("%d",pa);
        s=s+n(pa);
    }while(a!=0);
    printf("s=%d\n",s);
}
```

4. 熟悉指向函数的指针的原型说明、调用和定义，如表 6-4 所示。

表 6-4　指向函数的指针的原型说明、调用和定义

操　作		格　式	示　例
说明		类型(*函数名) (类型,类型);	int (*pmax)(int,int);
调用	指向函数	函数指针变量=函数名;	pmax=maxnum;
	函数指针变量的调用	函数指针变量=(*指针变量名)(实参列表);	maxnum=(*pmax)(x,y);
定义		类型*(函数名) (形参列表) {　语句;　}	int (*max)(int *a, int *b){　return *a>*b?*a:*b;　}

5. 应用函数指针变量编写程序，实现输入两个数，输出两个数中的较大数。

练习实例：（6-8.c）

```c
#include<stdio.h>
int max(int x,int y){
    return x>y?x:y;
}
void main(){
    int(*pmax)(int,int);
    int a,b,maxnum;
    pmax=max;
```

```
    printf("Input two numbers:\n");
    scanf("%d%d",&a,&b);
    maxnum=(*pmax)(a,b);
    printf("maxnum=%d\n",maxnum);
}
```

6. 应用函数指针变量编写程序，实现输入两个整数，输出两个数的和与差。

练习实例：（6-9.c）

```
#include<stdio.h>
int add(int x,int y){
    return x+y;
}
int sub(int x,int y){
    return x-y;
}
void main(){
    int(*padd)(int,int),(*psub)(int,int);
    int a,b,s1,s2;
    padd=add;
    psub=sub;
    printf("输入两个整数:\n");
    scanf("%d%d",&a,&b);
    s1=(*padd)(a,b);
    s2=(*psub)(a,b);
    printf("%d+%d=%d\n",a,b,s1);
    printf("%d-%d=%d\n",a,b,s2);
}
```

7. 应用函数指针编写程序，实现输入两个整数，输出两个数中的较小数。

练习实例：（6-10.c）

```
#include<stdio.h>
int *min(int *,int);
void main(){
    int a,b,*pa=&a,*p;
    printf("请输入两个整数：");
    scanf("%d%d",&a,&b);
    p=min(pa,b);
    printf("两个数中的较小数：%d\n",*p);
```

```
}
int *min(int *a,int n){
    int *pmin=a;
    if(*a>n)
    pmin=&n;
    return pmin;
}
```

8. 应用函数指针编写程序，求 1+2+3+…+10 的值并输出。

练习实例：（6-11.c）

```
#include<stdio.h>
int*sum(int data){
    static int s=0;
    s+=data;
    return &s;
}
void main(){
    int i,*p;
    for(i=1;i<=10;i++)
        sum(i);
    p=sum(0);
    printf("%d\n",*p);
}
```

【实训小结】

完成如表 6-5 所示的实训小结。

表 6-5　实训小结

知识巩固	1. 定义函数 mul()，实现两个数的乘法运算，将指针变量作为形参。 2. 定义函数*div()，实现两个数的除法运算，返回值为指针
问题总结	
收获总结	
拓展提高	在党史知识学习系统中，将统计选手得分的函数的返回值改为指针

实训 6-3　指针与数组

【实训学时】1 学时

【实训目的】

1．掌握指针与数组的关系。

2．掌握使用指针引用数组的方法。

3．理解指针与二维数组的关系，在程序中使用指针引用二维数组。

4．理解指针与字符数组的关系，能进行相关程序设计。

5．在程序设计中将数组、指针应用于函数中。

【实训内容】

1．熟悉指针与数组的关系，如图 6-3 所示。

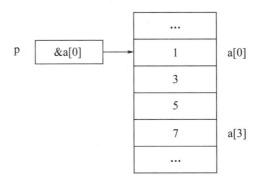

图 6-3　指针与数组的关系

2．编写程序，使用指针引用数组元素，实现输入 10 个整数后逆序输出。

练习实例：（6-12.c）

```c
#include<stdio.h>
void main(){
    int a[10],i,*p;
    printf("请输入10个整数:");
    for(i=0;i<=9;i++)
        scanf("%d",a+i);
    printf("输出这10个数: ");
    for(i=0;i<=9;i++)
        printf("%d,",a[i]);
    printf("\n");
    printf("逆序输出这10个数:");
    for(p=a+9;p>=a;p--)
        printf("%d",*p);
```

```
        printf("\n");
    }
```

3. 编写程序，使用数组地址传递给指针形参，实现输入 10 个整数，输出这 10 个数中的最小数和最大数。

练习实例：（6-13.c）

```
#include<stdio.h>
int max(int array[],int n){
    int max_value;
    int *p,*array_end;
    array_end=array+n;
    max_value=*array;
    for(p=array+1;p<array_end;p++)
        if(*p>max_value)
        max_value=*p;
    return max_value;
}
int min(int array[],int n){
    int min_value;
    int *p,*array_end;
    array_end=array+n;
    min_value=*array;
    for(p=array+1;p<array_end;p++)
        if(*p<min_value)
        min_value=*p;
    return min_value;
}
void main(){
    int i,number[10];
    int max_value,min_value;
    printf("请输入10个整数：");
    for(i=0;i<10;i++)
        scanf("%d",&number[i]);
    max_value=max(number,10);
    min_value=min(number,10);
    printf("max_value=%d,min_value=%d\n",max_value,min_value);
}
```

4．编写程序，使用指针引用数组元素，实现输入 10 个整数，求它们的和并输出。

练习实例：（6-14.c）

```c
#include<stdio.h>
void main(){
    int a[10],i,*p=a;
    int sum=0;
    printf("请输入10个整数：");
    for(i=0;i<=9;i++){
        scanf("%d",a+i);
        sum+=*p++;
    }
    printf("sum=%d\n",sum);
}
```

5．熟悉指针与二维数组的关系，如图 6-4 所示。

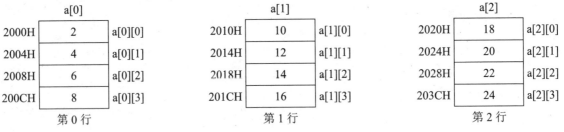

图 6-4　指针与二维数组的关系

6．熟悉二维数组元素用指针表示的方法，如表 6-6 所示。

表 6-6　二维数组元素用指针表示的方法

格　　式	说　　明	示　　例
*(数组名+i)	二维数组的第 i 行指针	*(a+i)
*(数组名+i)+j	二维数组的第 i 行、第 j 列指针	*(a+i)+j
((数组名+i)+j)	二维数组第 i 行、第 j 列的元素值	*(*(a+i)+j)

7．熟悉数组指针的使用方法，如表 6-7 所示。

表 6-7　数组指针的使用方法

格　　式	示　　例	用指针表示数组元素
类型 (*指针名)[n];	int a[3][4]; int (*p)[4]; for(i=0;i<3;i++) p[i]=a[i]	*(p[i]+j) *(*(p+i)+j) (*(p+i))[j] p[i][j]

8. 编写程序，使用指针引用二维数组元素，实现输入 8 个整数，输出二维数组。

练习实例：（6-15.c）

```c
#include<stdio.h>
void main(){
    int a[2][4],i,j;
    int *pa[2];
    for(i=0;i<=1;i++)
        pa[i]=a[i];
    printf("请输入8个整数:\n");
    for(i=0;i<=1 ;i++)
        for(j=0;j<=3;j++)
            scanf("%d",pa[i]+j);
    for(i=0;i<=1;i++){
        for(j=0;j<=3;j++)
        printf("%d  ",*pa[i]+j);
    printf("\n");
    }
}
```

9. 编写程序，使用指针引用数组元素，实现输入 8 个整数，求其中的最大数并输出。

练习实例：（6-16.c）

```c
#include<stdio.h>
int max(int(*p)[4]){
    int i,j,m;
    m=**p;
    for(i=0;i<=1;i++)
        for(j=0;j<=3;j++)
            if(*(*(p+i)+j)>m)
            m=*(*(p+i)+j);
    return m;
}
void main(){
    int a[2][4],i,j;
    printf("请输入8个整数:\n");
    for(i=0;i<=1;i++)
        for(j=0;j<=3;j++)
            scanf("%d",&a[i][j]);
    printf("最大数=%d\n",max(a));
}
```

10. 编写程序，使用指针引用一维字符数组元素将字符串存入数组中。

练习实例：（6-17.c）

```c
#include<stdio.h>
#include<string.h>
void main(){
    char s[10],*ps=s;
    int i;
    printf("请输入字符串: ");
    gets(s);
    for(i=0;i<strlen(s);i++)
        printf("%c",*ps+i);
        printf("\n");
}
```

11. 编写程序，使用指针引用二维字符数组元素，逆序输出字符串。

练习实例：（6-18.c）

```c
#include<stdio.h>
#include<string.h>
void sort(char *s[],int n){
    char *t;
    int i,j;
    for(i=0;i<n-1;i++)
        for(j=i+1;j<n;j++)
            if(strlen(s[i])>strlen(s[j])){
                t=s[i];
                s[i]=s[j];
                s[j]=t;
            }
}
void main(){
    char *str[]={"aaaaa","aaaa","aaa","aa","a"};
    int i;
    sort(str,5);
    for(i=0;i<5;i++)
        printf("%s\n",str[i]);
}
```

【实训小结】

完成如表6-8所示的实训小结。

表6-8 实训小结

知识巩固	1. 定义整型数组 a，实现指针 pa 指向 a，用指针 pa 访问所有数组元素，输出数组的值。 2. 定义双精度类型数组 b，实现指针 pb 指向 b，用指针 pb 找出数组中的最大值并输出
问题总结	
收获总结	
拓展提高	在党史知识学习系统中，在计分程序中用指针指向选手的成绩，再用指针找出选手所有成绩中的最高分

实训 6-4 指针的相关运算

【实训学时】1 学时

【实训目的】

1. 掌握指针的运算规则。

2. 掌握程序中指针与指针的关系。

3. 理解程序中通过指针的运算引用数据。

【实训内容】

1. 熟悉指针的运算规则，如表 6-9 所示。

表 6-9 指针的运算规则

运 算 符	示 例	运 算 规 则
&	&i, &*pa	取变量的地址
*	*&a	取指针所指向的变量的值
+	pa+10	指针向后移动整数位
−	pa−2	指针向前移动整数位
++	++pa	指针向后移动 1 位
−−	pa−−	指针向前移动 1 位

2. 编写程序，输出变量值和变量地址。

练习实例：（6-19.c）

```
#include<stdio.h>
void main(){
    int i=3,a[3]={0};
    float f=3,b[3]={0};
    char c='3',ch[3]={'\0'};
    printf("变量i的地址：%d,i的值：%d\n",&i,i);
    printf("变量f的地址：%d,f的值：%f\n",&f,f);
    printf("变量c的地址：%d,c的值：%c\n",&c,c);
    printf("a的地址：%d%d\n",a,&a[0]);
    printf("b的地址：%d%d\n",b,&b[0]);
    printf("ch的地址：%d%d\n",ch,&ch[0]);
}
```

3. 编写程序，输出指针所指向的变量的值。

练习实例：（6-20.c）

```
#include<stdio.h>
void main(){
```

```
        int a=3,*pa=&a;
        float f=3,*pf=&f;
        char c='3',*pc=&c;
        int n[3]={3},*pn=n;
        float m[3]={3},*pm=m;
        char ch[3]={'3'},*pch=ch;
        printf("变量a的值：%d,*pa的值：%d\n",a,*pa);
        printf("变量f的值：%d,*pf的值：%f\n",f,*pf);
        printf("变量c的值：%d,*pc的值：%c\n",c,*pc);
        printf("n[0]的值：%d%d\n",n[0],*pn);
        printf("m[0]的值：%f%f\n",m[0],*pm);
        printf("ch[0]的值：%c%c\n",ch[0],*pch);
        printf("n[0]的值：%d\n",*&n[0]);
        printf("m[0]的值：%f\n",*&m[0]);
        printf("ch[0]的值：%c\n",*&ch[0]);
    }
```

4. 编写程序，用指针将数据输入数组，输出数组的值。

练习实例：（6-21.c）

```
    #include<stdio.h>
    void main(){
        int a[10],i,*p=a;
        printf("请输入10个整数:");
        for(i=0;i<=9;i++)
            scanf("%d",p+i);
        for(i=0;i<=9;i++)
            printf("%d  ",*(p+i));
        printf("\n");
    }
```

5. 编写程序，用指针将数据输入数组，逆序输出数组的值。

练习实例：（6-22.c）

```
    #include<stdio.h>
    void main(){
        int a[10],i,*p=a;
        printf("请输入10个整数:");
        for(i=0;i<=9;i++)
            scanf("%d",p++);
        p--;
        for(i=9;i>=0;i--)
```

```
        printf("%d",*p--);
    printf("\n");
}
```

6. 编写程序，用指针将数据输入数组，输出数组索引值是偶数的数组元素。

练习实例：（6-23.c）

```
#include<stdio.h>
void main(){
    int a[10],i,*p=a;
    printf("请输入10个整数:");
    for(i=0;i<=9;i++)
        scanf("%d",p++);
        p=a;
    for(i=0;i<5;i++)
        printf("%d  ",*(p+=2));
    printf("\n");
}
```

7. 编写程序，用指针将数据输入数组，计算两个数组元素之间的数字个数并输出。

练习实例：（6-24.c）

```
#include<stdio.h>
void main(){
    int a[10],i,*p1,*p2;
    printf("请输入10个整数:");
    for(i=0;i<=9;i++)
        scanf("%d",a+i);
    for(i=0;i<=9;i++)
        printf("%d",*(a+i));
    printf("\n");
    p1=&a[3];
    p2=&a[7];
    printf("第4个元素和第8个元素之间的元素个数: %d",p2-p1+1);
    printf("%d+%d=%d\n",*p1,*p2,*p2+*p1);
    p1=a;
    p1=p1+5;
    printf("指针现在指的元素值: %d\n",*p1);
    printf("\n");
}
```

【实训小结】

完成如表 6-10 所示的实训小结。

表 6-10　实训小结

知识巩固	定义整型数组 a，实现指针 pa 指向 a 的第一个元素，指针 pb 指向 a 的最后一个元素，再用指针 pa 和 pb 交换数组元素，逆序输出数组 a
问题总结	
收获总结	
拓展提高	在党史知识学习系统中，用指针指向选手的最终分数，对选手的分数由高到低进行排序并输出

自我评价与考核

完成如表 6-11 所示的自我评价与考核表。

表 6-11　自我评价与考核表

评测内容：	指针与变量的关系、使用指针访问变量的方法、应用指针变量、将指针作为函数参数、返回值是指针的函数、指针与数组、指针的运算		
完成时间：		完成情况：	□优秀□良好□中等□合格□不合格
序　号	知　识　点	自　我　评　价	教　师　评　价
1	指针与变量的关系		
2	定义、使用指针变量的方法		
3	在程序中应用和对比指针与变量，理解两者的区别		
4	将指针作为函数参数时函数的定义		
5	将指针作为函数参数时函数的调用方法		
6	返回值是指针的函数的定义		
7	返回值是指针的函数的调用方法		
8	指针与数组的关系		
9	使用指针引用数组的方法		
10	指针与二维数组的关系		
11	在程序中使用指针引用二维数组的方法，行指针的应用方法		
12	指针与字符数组的关系		
13	用指针访问字符数组		
14	指针的运算		
15	指针与指针的关系		
16	通过指针的运算引用数据		
需要改进的内容：			

习题 6

一、填空题

1.“char *s1=“I love China”;”定义了一个指针变量 s1，它的初始值为字符串“I love

China"，首地址表示为＿＿＿＿＿＿＿＿。

2．在 C 语言中，"*"作为单目运算符时表示＿＿＿＿＿＿，作为双目运算符时表示＿＿＿＿＿＿，作为标记时表示＿＿＿＿＿＿。

3．若有"int i,*p;"，则语句"p=＿＿＿＿＿＿＿"可以让指针 p 指向变量 i。

4．若有"int a[5],*p=a;"，则 p+2 表示第＿＿＿＿个元素的地址。

5．若有"int i,j,*k; i=10,j=20,k=&i;"，则表达式"*k*=i+j"的值为＿＿＿＿＿＿。

6．设有如下类型说明："int a[10]={1,2,3,4,5,6,7,8,9,10},*p=a;"，若数组所占内存单元的起始地址为 17446 且整型数据占 4 字节，则 p+5=＿＿＿＿＿＿，*(p+5)=＿＿＿＿＿＿，数组 a 共占＿＿＿＿＿＿字节。

7．"int *p[4];"与"int (*p)[4];"的作用相同，都是定义了一个＿＿＿＿＿＿。

8．若有说明"int i,j=7,*p=&i;"，则与"i=j;"等价的语句是＿＿＿＿＿＿。

9．下列程序的功能是＿＿＿＿＿＿＿＿＿＿＿＿＿。

```c
#include<stdio.h>
void swap(int *p,int *q){
    int t;
    t=*p;
    *p=*q;
    *q=t;
}
void main(){
    int a=10,b=20;
    swap(&a,&b);
    printf("%d  %d\n",a,b);
}
```

二、选择题

1．若有"int *p1,*p2,k;"，则以下语句不正确的是（　　）。

　　A．p1=&k　　　　　　　　B．p2=p1

　　C．*p1=k+12　　　　　　　D．k=p1+p2

2．若有"char b[10]= {'H','e','l','l','o','!'},*p;"，则引用数组 b 的第 3 个元素语句是（　　）。

　　A．b[3]　　　　　　　　　B．*(p+3)

　　C．*(*p+3)　　　　　　　D．以上都不正确

3．若有"int a=5,b,*p=&a"，则使 b 不等于 5 的语句是（　　）。

　　A．b=*&a　　　　　　　　B．b=*a

　　C．b=*p　　　　　　　　　D．b=a

4．若有"int a[ ]={10,11,12},*p=&a[0];"，则执行完"*p++;*p+=1;"后，a[0]、a[1]、a[2]

的值依次是（　　）。

  A．10　11　12　 B．11　12　12

  C．10　12　12　 D．11　11　12

5．执行以下程序段后，m 的值是（　　）。

```
int a[6]={1,2,3,4,5,6},m,*p;
p=&a[0];
m=(*p)*(*(p+2))*(*(p+4));
```

  A．15　 B．14　 C．13　 D．12

6．若有"int s[2]={0,1},*p=s;"，则下列语句错误的是（　　）。

  A．s+=1;　 B．p+=1;　 C．*p++;　 D．(*P)++;

7．若有"int a[2][3];"，则对数组元素的非法引用是（　　）。

  A．*(a[0]+2)　 B．a[1][3]　 C．a[1][0]　 D．*(*(a+1)+2)

8．若有"int a[7]={1,2,3,4,5,6,7},*p=a"，则不能表示数组元素的表达式是（　　）。

  A．*p　 B．*a　 C．a[7]　 D．a[p-a]

9．若有"int s[4]={0,1,2,3},*p=s;"，则数值不为 3 的表达式是（　　）。

  A．p=s+2,*(p++)　 B．p=s+3,*p++

  C．p=s+2,*(++p)　 D．s[3]

10．若有"int x,*pb;"，则以下赋值表达式正确的是（　　）。

  A．pb=&x　 B．pb=x　 C．*pb=&x　 D．*pb=*x

11．执行以下程序后输出的结果是（　　）。

```
#include<stdio.h>
void main(){
    int *var,ab;
    ab=100;var=&ab;ab=*var+10;
    printf("%d\n",*var);
}
```

  A．100　 B．110　 C．0　 D．以上都不正确

12．以下程序的输出结果是（　　）。

```
#include<stdio.h>
void main(){
    int k=2,m=4,n=6;
    int *pk=&k,*pm=&m,*p=&n;
    *p=*pk*(*pm);
    printf("%d\n",n);
}
```

  A．4　 B．6　 C．8　 D．10

13. 以下程序的输出结果是（   ）。

```c
#include<stdio.h>
void fun(int *x){
    printf("%d\n",++*x);
}
void main(){
    int a=25;
    fun(&a);
}
```

A. 23   B. 24   C. 25   D. 26

14. 以下程序的输出结果是（   ）。

```c
#include<stdio.h>
void main(){
    int a[4][3]={1,2,4,-4,5,-9,3,6,-3,2,7,8};
    int i,j;
    for(i=0;i<4;i++){
        for(j=0;j<3;j++)
        printf("%d  ",*(a[i]+j));
    }
}
```

A. 1   2   4   -4   5   -9   3   6   -3   2   7   8

B. 1   2   -4   5   3   6   2   7

C. 1703680 1703684 1703688

    1703692 1703696 1703700

    1703704 1703708 1703712

    1703716 1703720 1703724

D. 以上都不正确

15. 以下程序的输出结果是（   ）。

```c
#include<stdio.h>
int a[10]={1,2,3,4,5,6,7};
int rev(int *m,int n){
    int t;
    if(n>1){
        t=*m;*m=*(m+n-1);*(m+n-1)=t;
        rev(m+1,n-2);
    }
}
```

```
void main(){
    int i;
    rev(a+2,6);
    for(i=0;i<10;i++)
        printf("%d  ",a[i]);
    printf("\n");
    rev(a,5);
    for(i=0;i<10;i++)
        printf("%d  ",a[i]);
    printf("\n");
}
```

A. 1 2 0 7 6 5 4 3 0 0

   6 7 0 2 1 5 4 3 0 0

B. 1 2 3 4 5 6 7

   7 6 5 4 3 2 1

C. 没有结果

D. 以上都不正确

16. C 语言中，不能用于指针的运算符是（   ）。

A. /（除以）   B. *（指向）

C. +（加）   D. &（取地址）

三、程序填空题

1. 执行以下程序时，输入"10 20"后输出的结果是_____。

```
#include<stdio.h>
void fun(int *p1, int *p2){
    int t;
    t=*p1;
    *p1=*p2;
    *p2=t;
}
void main(){
    int x,y;
    int *p1,*p2;
    scanf("%d%d",&x,&y);
    p1=&x;
    p2=&y;
    if(x>y)
    fun(p1,p2);
```

```
printf("x=%d,y=%d",x,y);
}
```

2. invert()函数的功能是将一个字符串 str 的内容逆序存放。例如：字符串 str 的原内容为 abcde，调用 invert()函数后变为 edcba。将下列程序代码补全。

```
#include<stdio.h>
#include<string.h>
void invert(char str[]){
    int i,j,k;
    j=_____;
    for(i=0;i<strlen(str)/2;i++,j--){
        k=str[i];
            str[i]=str[j];
            str[j]=_____;
    }
}
void main(){
    char test[]="abcde";
    invert(test);
    printf("%s\n",test);
}
```

3. 以下程序的输出结果是_____。

```
#include<stdio.h>
void main(){
    char *p,s[]="ABCD";
    for(p=s;p<s+4;p++)
    printf("%s\n",p);
}
```

4. 执行以下程序时，输入"100"后输出的结果是_____。

```
#include<stdio.h>
void main(){
    int n,*p;
    p=&n;
    scanf("%d",p);
    printf("n=%d,*p=%d\n",n,*p);
}
```

四、编程题

1. 编写程序，用指针求元素个数为 12 的一维数组元素中的最大值和最小值。

2．编写程序，用指针实现输入 12 个英文字母，将小写英文字母转换成大写输出。

3．编写程序，用指针实现输入 12 个整数，将这 12 个整数逆序输出。

4．编写程序，用指针实现输入 12 个整数，从小到大输出这 12 个整数。

5．编写程序，将指针作为自定义函数的参数，实现输入一个整数 n，计算 1～n 范围内所有整数之和并输出。

6．编写程序，用指针实现输入 10 名学生成绩，输出学生成绩的平均值。

实训小结与易错点分析

指针是 C 语言的重要部分，是用来存放变量地址的变量，与数组也有着密切的联系。将指针作为函数参数，以及指针的相关运算，都可以作为读取变量的方法。

在 C 语言中使用指针时需要注意的内容如下。

（1）指针不能指向与自身数据类型不同的变量。如 "int x=5,*p;double y=3.5,*q;p=&y; q=&x;"，程序编译时报警告信息 "warning C4133: '=' : incompatible types - from 'double *' to 'int *'"。

（2）不能将普通变量赋予指针变量。如 "int a=123,*p;p=a;"，程序编译时报警告信息 "warning C4047: '=' : 'int *' differs in levels of indirection from 'int '"。

（3）不能没有让指针指向确定的变量存储单元，就引用指针，否则程序编译时报警告信息 "warning C4700: local variable 'p' used without having been initialized"。

（4）要区别数组名与指针变量，否则，虽然程序编译时不报警告信息和错误信息，但是程序也没有执行结果。

（5）不能把数组名当成指针变量来使用。如 "*(数组名++);"，程序编译时报错误信息 "error C2105: '++' needs l-value"。

（6）要注意指针的指向。如 "printf("%d",p++);"，虽然程序编译、组建时都没有报警告信息和错误信息，但是执行时结果错误。

（7）指针函数调用不能错误。如 "int *padd(int,int),*psub(int,int);padd=add;"，程序编译时报错误信息 "error C2659: '=' : overloaded function as left operand"。

（8）指针运算时不要用其他类型的数据。如"p3=p2+1.0; "，程序编译时报错误信息"error C2111: pointer addition requires integral operand"。

第 **7** 章
结构体与共用体

 **学习任务**

- ❖ 掌握结构体类型和结构体类型变量的概念。
- ❖ 掌握结构体类型的定义，结构体类型变量的初始化和引用。
- ❖ 掌握应用结构体编写程序的方法。
- ❖ 掌握结构体类型数组的定义和初始化。
- ❖ 熟悉指向结构体类型数组的指针、指向结构体类型变量的指针。
- ❖ 熟悉指向结构体类型数组的指针在程序设计中的应用。
- ❖ 理解共用体和共用体类型变量的概念。
- ❖ 了解共用体和共用体类型变量的引用和初始化方法。
- ❖ 了解枚举类型的概念和应用。
- ❖ 掌握用 typedef 为已有的数据类型定义别名的方法。

实训任务

实训 7-1　结构体类型和结构体类型变量

【实训学时】1 学时

【实训目的】

1. 掌握结构体类型和结构体类型变量的定义。

2. 掌握结构体类型变量的初始化和引用。

3. 理解在程序中应用结构体类型变量的操作。

【实训内容】

1. 熟悉结构体类型的定义，如表 7-1 所示。

表 7-1　结构体类型的定义

格　　式	示例 1	示例 2

struct　结构体类型名{
　　成员列表
};
	struct point{
	　　int x;
	　　int y;
	};
		struct Student{
		　　int number;
		　　char name[20];
		　　int age;
		};

typedef struct　结构体类型名{ 　　成员列表 }结构体类型别名;	typedef struct p{ 　　int x; 　　int y; } point;	typedef struct stu{ 　　int number; 　　char name[20]; 　　int age; }student;

2．熟悉结构体类型变量的声明，如表 7-2 所示。

表 7-2　结构体类型变量的声明

格　　式	示例 1	示例 2
struct　结构体类型名{ 　　成员列表 }变量名;	struct point{ 　　int x; 　　int y; }p1,p2;	struct Student{ 　　int number; 　　char name[20]; 　　int age; }s1,s2;
typedef struct　结构体类型别名{ 　　成员列表 }结构体类型名; struct　结构体类型名/别名　变量名;	typedef struct p{ 　　int x; 　　int y; } point; struct point p1,p2;	typedef struct stu{ 　　int number; 　　char name[20]; 　　int age; }student; struct stu s1,s2;
struct{ 　　成员列表 }变量名;	struct { 　　int x; 　　int y; } point1, point2;	struct { 　　int number; 　　char name[20]; 　　int age; } Tom, Jerry;

3．熟悉结构体类型变量所占内存空间，如图 7-1 所示。

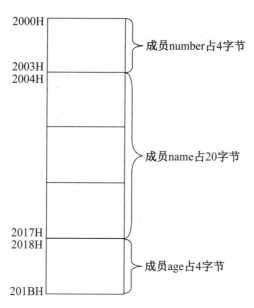

图 7-1　结构体类型变量所占内存空间

4．熟悉结构体类型变量的初始化和引用，如表 7-3 所示。

表 7-3　结构体类型变量的初始化和引用

操　作	格　式	示例 1	示例 2
初始化	struct 结构体类型名 变量名 ={成员 1 的值,…,成员 n 的值};	struct point p1={0,0}, p2={10,10};	struct Student s1={1207041,"小明",'m', 18};
引用	变量名.成员名	p1.x，p1.y，p2.x，p2.y	s1.number，s1.name，s1. age

5．应用结构体类型变量编写程序，定义结构体类型 Student，声明、初始化变量，引用成员。

练习实例：（7-1.c）

```c
#include<stdio.h>
void main(){
    struct Student{
        int number;
        char name[20];
        int age;
    }student1={12001,"Peter",19},student2={12002,"Betty",18};
    printf("学号\t姓名\t年龄\n");
    printf("%d\t%s\t%d\n",student1.number,student1.name,student1. age);
    printf("%d\t%s\t%d\n ",student2.number,student2.name,student2. age);
}
```

6．应用结构体类型变量编写程序，定义无名结构体类型，声明、初始化变量，引用成员。

练习实例：（7-2.c）

```c
#include<stdio.h>
void main(){
    struct{
        int x;
        int y;
    }point1,point2;
    point1.x=10;
    point1.y=10;
    point2.x=100;
    point2.y=100;
    printf("point1(%d,%d)\n",point1.x,point1.y);
    printf("point2(%d,%d)\n",point2.x,point2.y);
}
```

7. 应用结构体类型变量编写程序，定义结构体类型，声明变量，输入成员的值。

练习实例：（7-3.c）

```c
#include<stdio.h>
struct Student{
    int number;
    char name[20];
    int age;
};
void main(){
    struct Student s1,s2;
    printf("输入学号、姓名、年龄: ");
    scanf("%d%s%d",&s1.number,s1.name,&s1.age);
    scanf("%d%s%d",&s2.number,s2.name,&s2.age);
    printf("学号\t姓名\t年龄\n");
    printf("%d\t%s\t%d\n",s1.number,s1.name,s1.age);
    printf("%d\t%s\t%d\n",s2.number,s2.name,s2.age);
}
```

8. 应用结构体类型变量编写程序，定义结构体类型，声明变量，输入成员的值。

练习实例：（7-4.c）

```c
#include<stdio.h>
#include<string.h>
struct Student{
    int number;
    char name[20];
    int age;
```

```
    };
    void main(){
        struct Student s1,s2;
        s1.number=13001;
        strcpy(s1.name,"Tom");
        s1.age=18;
        s2.number=13002;
        strcpy(s2.name,"John");
        s2.age=19;
        printf("学号\t姓名\t年龄\n");
        printf("%d\t%s\t%d\n",s1.number,s1.name,s1.age);
        printf("%d\t%s\t%d\n",s2.number,s2.name,s2.age);
    }
```

9. 应用结构体类型与函数编写程序，按需输出学生成绩。

练习实例：（7-5.c）

```
    #include<stdio.h>
    struct Student{
        int number;
        char name[20];
        int score;
    };
    void printCard(struct Student s){
        printf("学号\t姓名\t成绩\n");
        printf("%d\t%s\t%d\n",s.number,s.name,s.score);
    }
    void main(){
        struct Student s1,s2;
        printf("输入学号、姓名、成绩: ");
        scanf("%d%s%d",&s1.number,s1.name,&s1.score);
        scanf("%d%s%d",&s2.number,s2.name,&s2.score);
        printCard(s1);
        printCard(s2);
    }
```

10. 应用结构体类型编写程序，实现输入点的坐标，判断该点在哪个象限并输出。

练习实例：（7-6.c）

```
    #include<stdio.h>
    struct point{
        int x;
        int y;
    };
```

```
double d(point,point);
void main(){
    struct point p;
    printf("输入p点的坐标: ");
    scanf("%d%d",&p.x,&p.y);
    printf("p(%d,%d)\n",p.x,p.y);
    if(p.x>0&& p.y>0)
        printf("p点在第一象限\n");
    else if(p.x<0&& p.y>0)
        printf("p点在第二象限\n");
    else if(p.x<0&& p.y<0)
        printf("p点在第三象限\n");
    else if(p.x>0&& p.y<0)
        printf("p点在第四象限\n");
}
```

11. 应用结构体类型与函数编写程序，输入两个点的坐标，计算这两个点之间的距离。

练习实例：（7-7.c）

```
#include<stdio.h>
#include<math.h>
struct point{
    int x;
    int y;
};
double d(point,point);
void main(){
    struct point p1,p2;
    printf("输入p1点的坐标: ");
    scanf("%d%d",&p1.x,&p1.y);
    printf("输入p2点的坐标: ");
    scanf("%d%d",&p2.x,&p2.y);
    printf("p1(%d,%d)\n",p1.x,p1.y);
    printf("p2(%d,%d)\n",p2.x,p2.y);
    printf("p1p2=%.2lf\n",d(p1,p2));
}
double d(point p1,point p2){
    return sqrt(pow(p2.x-p1.x,2)+pow(p2.y-p1.y,2));
}
```

【实训小结】

完成如表 7-4 所示的实训小结。

表 7-4　实训小结

知识巩固	定义结构体类型 Pet，其成员有品种（type）、名字（name）、年龄（age），然后声明结构体类型变量 dog，将 dog 的所有成员初始化，并输出 dog 的信息
问题总结	
收获总结	
拓展提高	在党史知识学习系统中，应用结构体类型变量表示参赛选手，输入所有选手的信息

实训 7-2 结构体类型数组和结构体类型指针

【实训学时】1 学时

【实训目的】

1. 掌握结构体类型数组的声明、初始化和引用。

2. 掌握结构体类型数组成员程序设计。

3. 理解在程序中应用结构体类型指针的操作。

【实训内容】

1. 熟悉结构体类型数组的声明、初始化和引用，如表 7-5 所示。

表 7-5　结构体类型数组的声明、初始化和引用

操　作	格　式	示　例
声明	struct 结构体类型名 数组名[数组长度];	struct Student s[10];
初始化	struct 结构体类型名 数组名[数组长度]={{成员值1},{…},{成员值n}};	struct Student s[11]={{12001,"Peter",19},{12002,"Betty",18},{12003,"Lily",18}};
引用	数组元素.成员名	s[0].number，s[0].name，s[0].age

2. 应用结构体类型数组编写程序，声明结构体类型 Student 的数组 s，声明的同时对数组 s 进行初始化，然后输出结构体类型数组元素的各成员。

练习实例：（7-8.c）

```c
#include<stdio.h>
#define N 5
void main(){
    int i;
    struct Student{
        int number;
        char name[20];
        int age;
    }s[5]={{12001,"Peter",19},{12002,"Betty",18},{12003,"Lily",18},
{12004,"Marry",18},{12005,"Lucy",18}};
    printf("学号\t姓名\t年龄\n");
    for(i=0;i<N;i++)
        printf("%d\t%s\t%d\n",s[i].number,s[i].name,s[i].age);
}
```

3. 应用结构体类型数组编写程序，声明结构体类型 Student 的数组 s，输入学生的基本信息并输出。

练习实例：（7-9.c）

```c
#include<stdio.h>
struct Student{
    int number;
    char name[20];
    int age;
};
void main(){
    int i;
    struct Student s[5];
    printf("输入学生的学号、姓名、年龄");
    for(i=0;i<5;i++){
        scanf("%d%s%d",&s[i].number,s[i].name,&s[i].age);
    }
    putchar('\n');
    printf("学号\t姓名\t年龄\n");
    for(i=0;i<5;i++)
        printf("%d\t%s\t%d\n",s[i].number,s[i].name,s[i].age);
}
```

4. 熟悉结构体类型指针的声明、赋值和成员引用，如表 7-6 所示。

表 7-6　结构体类型指针的声明、赋值和成员引用

操　作	格　式	示　例
声明	struct 结构体类型名 *指针变量名;	struct Student *ps;
赋值	指针=变量地址;	struct Student s1,*p=&s1;
成员引用	指针变量->成员	p->number, p->name, p->age, (p+i)->number, (p+i)->name, (p+i)->age

5. 编写程序，使用结构体类型指针变量访问结构体类型变量的成员，输出学生名单。

练习实例：（7-10.c）

```c
#include<stdio.h>
struct Student{
    int number;
    char name[20];
    int age;
```

```
};
void main(){
    struct Student s1={12001,"Peter",19},s2={12002,"Betty",18},*p1=&s1,
*p2=&s2;
    printf("学号\t姓名\t年龄\n");
    printf("_____\n");
    printf("%d\t%s\t%d\n",p1->number,p1->name,p1->age);
    printf("%d\t%s\t%d\n",p2->number,p2->name,p2->age);
}
```

6. 编写程序，使用结构体类型指针变量访问结构体类型变量的成员，实现输入 3 组点的坐标，输出坐标系内点的信息。

练习实例：（7-11.c）

```
#include<stdio.h>
#define N 3
struct point{
    int x;
    int y;
};
double d(point,point);
    void main(){
    struct point p[N],*pp=p;
    int i;
    printf("输入3组点的坐标：");
    for(i=0;i<N;i++)
    scanf("%d%d",&p[i].x,&p[i].y);
    for(i=0;i<N;i++)
    printf("p%d(%d,%d)\n",i,(pp+i)->x,(pp+i)->y);
}
```

7. 编写程序，使用结构体类型指针变量访问结构体类型变量的成员，实现输入学生的基本信息，输出学生名单。

练习实例：（7-12.c）

```
#include<stdio.h>
struct Student{
    int number;
    char name[20];
    int age;
```

```
};
void main(){
    struct Student s[3],*p[3];
    int i;
    for(i=0;i<3;i++){
        p[i]=s+i;
        printf("请输入学生的学号、姓名、年龄：");
        scanf("%d%s%d",&s[i].number,s[i].name,&s[i].age);
    }
    printf("学号\t姓名\t年龄\n");
    for(i=0;i<3;i++){
        printf("%d\t%s\t%d\n",p[i]->number,p[i]->name,p[i]->age);
    }
}
```

8. 编写程序，使用结构体类型指针变量访问结构体类型变量的成员，实现输入点的坐标，输出坐标系内点的信息。

练习实例：（7-13.c）

```
#include<stdio.h>
#define N 3
struct point{
    int x;
    int y;
};
double d(point,point);
void main(){
    struct point p[N]={{0,0},{1,1},{2,2}},*pp;
    int i;
    printf("3个点的坐标信息：\n");
    for(i=0;i<N;i++){
        pp=&p[i];
        printf("p%d(%d,%d)\n",i,pp->x,pp->y);
    }
}
```

9．熟悉结构体成员是结构体类型变量，编写程序，计算学生成绩总和并输出。

练习实例：（7-14.c）

```
#include<stdio.h>
struct Score{
    int sc1;
    int sc2;
    int sc3;
};
struct Student{
    int number;
    char name[10];
    struct Score stuscore;
};
int total(struct Student stud);
void main(){
    int i;
    struct Student s[5];
    for(i=0;i<5;i++){
        printf("输入学生学号、姓名和他们3门课程的成绩\n");
        scanf("%d%s",&s[i].number,s[i].name,);
        scanf("%d%d%d",&s[i].stuscore.sc1,&s[i].stuscore.sc2,&s[i].
stuscore.sc3);
    }
    printf("学号    姓名    总分\n");
    printf("_____\n");
    for(i=0;i<5;i++)
    printf("%d\t%s%d\n",s[i].number,s[i].name,total(s[i]));
}
int total(struct Student stud){
    return (stud.stuscore.sc1+stud.stuscore.sc2+stud.stuscore.sc3);
}
```

【实训小结】

完成如表 7-7 所示的实训小结。

表 7-7　实训小结

知识巩固	声明结构体类型数组 animal，用{"dog","Wangwang",2},{"cat","Kitty",1},{"bird","Jiujiu",2}初始化数组的前 3 个元素，并输出所有数组元素的信息
问题总结	
收获总结	
拓展提高	在党史知识学习系统中，用结构体类型数组管理所有选手的信息

实训 7-3　共用体类型变量、枚举类型和自定义数据类型

【实训学时】1 学时

【实训目的】

1．掌握共用体类型变量的本质。

2．掌握在程序设计中引用共用体类型变量的方法。

3．理解枚举类型的特点，以及枚举类型变量的应用。

4．掌握自定义数据类型的格式与应用。

【实训内容】

1．熟悉共用体的存储结构，如图 7-2 所示。

图 7-2　共用体的存储结构

2．熟悉共用体类型的定义，共用体类型变量的声明、初始化和引用，如表 7-8 所示。

表 7-8　共用体类型的定义，共用体类型变量的声明、初始化和引用

操　作	格　式	示　例

共用体类型的定义	union 共用体类型名{
	　　数据类型　成员名 1;
	　　数据类型　成员名 2;
	　　…
	　　数据类型　成员名 n;
	};
		union Un{
		　　short n1;
		　　double n2;
		};

共用体类型变量的声明	union 共用体类型名　共用体类型变量名;	union Un u1;
共用体类型变量的初始化	union 共用体类型名　共用体类型变量名={成员值};	union Un u1={2};
共用体类型变量的引用	变量名.成员名	x=u1.n1;,　y=u1.n2;

3．编写程序，输出共用体所占内存的字节数。

练习实例：（7-15.c）

```c
#include<stdio.h>
union Un{
    char c1;
    short n1;
    int n2;
```

```
        long n3;
        float n4;
        double n5;
    };
    void main(){
        int a,b,c;
        union Un u1={2};
        union Un u2={1};
        union Un u3={1};
        a=sizeof(u1);
        b=sizeof(u2);
        c=sizeof(u2);
        printf("共用体类型变量u1所占内存的字节数:%d\n",a);
        printf("共用体类型变量u2所占内存的字节数:%d\n",b);
        printf("共用体类型变量u3所占内存的字节数:%d\n",c);
    }
```

4. 应用共用体编写程序，输出不同类型元素所占内存的字节数。

练习实例：（7-16.c）

```
#include<stdio.h>
#include<string.h>
union Data{
    int i;
    float f;
    char str[20];
};
void main(){
    union Data d={0};
    int n;
    n=sizeof(d);
    printf("共用体类型变量d所占内存的字节数:%d\n",n);
    d.i=10;
    printf("data.i:%d\n",d.i);
    d.f=220.5f;
    printf("d.f:%f\n",d.f);
    strcpy(d.str,"Hello World!");
    printf("d.str:%s\n",d.str);
}
```

5. 应用共用体编写程序，输出 people 类型变量的信息。

练习实例：（7-17.c）

```c
#include<stdio.h>
struct people{
    int number;
    char name[20];
    char job;
    union{
        int cls;            //班级
        char pstn[10];      //职务
    }ctg;
};
void main(){
    struct people p={13001,"Tom",'s'};
    if(p.job=='s'){
        printf("请输入班级\n");
        scanf("%d",&p.ctg.cls);
    }else if(p.job=='t') {
        printf("请输入职务\n");
        scanf("%s",p.ctg.pstn);
    }
    if(p.job=='s'){
        printf("学号\t姓名\t职业\t班级\n");
        printf("%d\t%s\t%c\t%d\n",p.number,p.name,p.job,p.ctg.cls);
    }else if(p.job=='t'){
        printf("学号\t姓名\t职业\t职务\n");
        printf("%d\t%s\t%c\t%c\t%s\n",p.number,p.name,p.job,p.ctg.pstn);
    }
    printf("\n");
}
```

6. 应用共用体编写程序，输出 people 类型数组中所有元素的信息。

练习实例：（7-18.c）

```c
#include<stdio.h>
#define N 2
struct people{
    int number;
```

```
        char name[20];
        char job;
        union{
            int cls;
            char pstn[10];
        }ctg;
    };
    void main(){
        int i;
        struct people p[N];
        printf("请输入学号、姓名、职业:");
        for(i=0;i<N;i++){
            scanf("%d,%s,%c",&p[i].number,&p[i].name,&p[i].job);
            if(p[i].job=='s'){
                printf("请输入班级:");
                scanf("%d",&p[i].ctg.cls);
            }else if(p[i].job=='t'){
                printf("请输入职务:");
                scanf("%s",p[i].ctg.pstn);
            }
        }
        for(i=0;i<N;i++){
            if(p[i].job=='s'){
                printf("学号\t姓名\t职业\t班级\n");
                printf("%d\t%s\t%c\t%d\n",p[i].number,p[i].name,p[i].job,
p[i].ctg.cls);
            }else if(p[i].job=='t'){
                printf("学号\t姓名\t职业\t职务\n");
                printf("%d\t%s\t%c\t%s\n",p[i].number,p[i].name,p[i].
job,p[i].ctg.pstn);
            }
        }
        printf("\n");
    }
```

7. 熟悉枚举类型的定义，枚举类型变量的声明和引用，如表 7-9 所示。

表 7-9　枚举类型的定义，枚举类型变量的声明和引用

操　作	格　式	示　例	说　明
枚举类型的定义	enum 枚举名 {枚举元素列表};	enum weekday{sun,mon,tue,wed,thu,fri,sat};	sun 的值为 0, mon 的值为 1, …, sat 的值为 6
		enum weekday{sun=7,mon=1,tue,wed,thu,fri,sat};	sun 的值为 7, mon 的值为 1, …, sat 的值为 6
枚举类型变量的声明	enum 枚举名 变量名;	enum weekday day;	day 的取值只有 sun, mon, tue, wed, thu, fri, sat 这 7 种
		enum weekday{sun,mon,tue,wed,thu,fri,sat} day;	
		enum {sun,mon,tue,wed,thu,fri,sat} day;	day 为枚举变量, 取值同上
枚举类型变量的引用	枚举元素	if (day==fri) { printf("Friday\n");}	判断变量是否等于枚举值
		day= tue;	将枚举值赋给变量 day

8. 应用枚举类型编写程序，实现输入 1～7 范围内的整数，输出相应的星期几。

练习实例：（7-19.c）

```
#include<stdio.h>
void main(){
    int day;
    enum weekday{sun=7,mon=1,tue,wed,thu,fri,sat};
    printf("请输入1～7范围内的整数:");
    scanf("%d",&day);
    switch(day){
        case mon:printf("Monday\n");break;
        case tue:printf("Tuesday\n");break;
        case wed:printf("Wednesday\n");break;
        case thu:printf("Thursday\n");break;
        case fri:printf("Friday\n");break;
        case sat:printf("Saturday\n");break;
        case sun:printf("Sunday\n");break;
        default:printf("Error!\n"); break;
    }
}
```

9. 应用枚举类型编写程序，实现输入数字代表的颜色，输出喜欢的颜色。

练习实例：（7-20.c）

```
#include<stdio.h>
void main(){
    enum color{red=1,green,blue}fc;
    printf("请输入你喜欢的颜色:(1. red,2. green,3. blue): ");
    scanf("%d",&fc);
    switch (fc){
```

```
case red: printf("你喜欢的颜色是红色。\n");break;
case green: printf("你喜欢的颜色是绿色。\n");break;
case blue: printf("你喜欢的颜色是蓝色。\n");break;
default: printf("你没有选择你喜欢的颜色。\n");
}
}
```

10. 应用枚举类型编写程序，实现输入数字代表喜欢的水果，输出喜欢的水果。

练习实例：（7-21.c）

```
#include<stdio.h>
void main(){
    enum fruit{apple=10,pear,banana};
    enum fruit ff;
    printf("请输入你喜欢的水果的数字：(10.苹果,11.梨,12.香蕉)：");
    scanf("%d",&ff);
    switch(ff){
        default: printf("你喜欢的是其他水果。\n");break;
        case apple: printf("你喜欢的是苹果。\n");break;
        case pear: printf("你喜欢的是梨。\n");break;
        case banana: printf("你喜欢的是香蕉。\n");break;
    }
}
```

11. 熟悉使用类型定义符 typedef 为一种已有的数据类型定义别名，如表 7-10 所示。

表 7-10　typedef 的用法

数 据 类 型	格　式	示　例
标准的数据类型	typedef 原类型名 新类型名;	typedef int INTEGER; INTEGER a, b;
		typedef double DBL; DBL x,y;
自定义的数据类型	typedef struct 结构体名 { 　成员列表 }结构体别名;	typedef struct Student{ 　int number; 　char name[20]; 　int score; } Stu;
	typedef union 共用体名 { 　成员列表 }共用体别名;	typedef union ctg { 　int cls; 　char pstn[10]; } category;

12. 编写程序，应用 typedef 定义结构体类型 Student 的别名 Stu，并使用 Stu 声明结构体类型变量。

练习实例：（7-22.c）

```c
#include<stdio.h>
typedef struct Student{
    int number;
    char name[20];
    int score;
}Stu;
void main(){
    struct Student s1={13001,"Tom",98};
    printf("学号: %d\n",s1.number);
    printf("姓名: %s\n",s1.name);
    printf("成绩: %d\n",s1.score);
    Stu s2={12002,"Jerry",91};
    printf("学号: %d\n",s2.number);
    printf("姓名: %s\n",s2.name);
    printf("成绩: %d\n",s2.score);
}
```

13. 编写程序，应用 typedef 定义结构体类型 Books 的别名 Book，并使用 Book 声明结构体类型变量。

练习实例：（7-23.c）

```c
#include<stdio.h>
#include<string.h>
typedef struct Books{
    char title[50];
    char author[50];
    char subject[100];
    int prize;
}Book;
void main(){
    Book book;
    strcpy(book.title,"《中共党史百人百事》");
    strcpy(book.author,"肖甡");
    strcpy(book.subject,"党史");
    book. prize=150;
    printf("书名: %s\n",book.title);
    printf("作者: %s\n",book.author);
    printf("类目: %s\n",book.subject);
    printf("定价: %d\n",book.prize);
}
```

【实训小结】

完成如表 7-11 所示的实训小结。

表 7-11　实训小结

知识巩固	声明共用体类型 ctg，其成员分别为班级 cls 和职务 pstn。将共用体类型 ctg 定义为结构体类型 person 的成员。声明 p1 为 person 类型的结构体类型变量，如果 job=='s'，就为 p1 输入包含班级的信息内容；如果 job=='t'，就为 p1 输入包含职务的信息内容
问题总结	
收获总结	
拓展提高	在党史知识学习系统中，用共用体类型成员管理选手的详细分类信息

自我评价与考核

完成如表 7-12 所示的自我评价与考核表。

表 7-12 自我评价与考核表

评测内容:	结构体类型、结构体类型变量、结构体类型数组、结构体类型指针、共用体和共用体类型变量、枚举类型、自定义数据类型		
完成时间:		完成情况:	□优秀□良好□中等□合格□不合格
序　号	知 识 点	自 我 评 价	教 师 评 价
1	结构体类型的定义		
2	结构体类型变量的声明、初始化和引用		
3	在程序中应用结构体类型变量解决实际问题		
4	结构体类型数组的声明、初始化和引用		
5	在程序中应用结构体类型数组解决实际问题		
6	结构体类型的指针声明和引用		
7	在程序中应用结构体类型指针解决实际问题		
8	共用体类型的定义		
9	共用体类型变量的本质、声明、初始化和引用		
10	在程序中应用共用体类型变量解决实际问题		
11	枚举类型的特点，定义枚举类型		
12	声明枚举类型变量并在程序中引用		
13	用 typedef 为标准数据类型和自定义数据类型定义别名		
需要改进的内容:			

习题 7

一、填空题

1. 结构体是_____类型数据，与数组的区别在于其成员_____同一种数据类型。

2. 将下列声明结构体类型的一般形式补充完整。

_____结构体名{

　　数据类型 成员名1;

```
        数据类型 成员名2;
        数据类型 成员名3;
        ......
    }_____
```

3. 若有以下程序，则变量 stu1 占_____字节。

```
struct Stu{
    int num;              //学号为整型数据
    char name[20];        //姓名为字符串
    char sex;             //性别为字符型数据
    int age;              //年龄为整型数据
    float score;          //成绩为实型数据
} stu1;
```

4. 若在定义结构体类型 Stu 的变量 stu1 的同时，将 stu1 初始化为"201701, "Peter",'M',18,85"，则初始化语句为_____。

5. 引用结构体类型变量使用_____运算符（又称圆点运算符）。引用结构体类型变量 Stu 的成员 age 的一般形式为_____。

6. 若某班有 30 名学生，则这 30 名学生的信息都可以用结构体类型变量来表示，它们具有相同的数据类型，可以用_____存储这 30 名学生的信息。

7. 若定义了指向结构体类型变量的指针变量*stu1，可以用 stu1_____age 表示 stu1 所指向的结构体类型变量的成员 age。

8. 若有"struct Stu S1;"定义结构体类型变量 S1，则语句"struct Stu *p=&S1;"的作用是_____。

9. 若定义了以下共用体类型变量 x 和结构体类型变量 y，则 x 和 y 所占用的内存分别为_____和_____字节。

```
union stu1{
    int num;
    char name[5];
    char s;
}x;
struct stu2{
    int num;
    char name[5];
    char s;
}y;
```

10. 若对结构体数组 s[30]的前 3 个元素进行初始化，则其他未被指定初始化的数值型数组元素成员会被系统初始化为_____，字符型数组元素成员会被系统初始化为_____，指针型数组元素成员会被系统初始化为_____。

11. 将不同类型的数据组织在一起共同占用同一段内存的构造数据类型为_____，声明这种构造数据类型的关键字为_____。

二、选择题

1. 若有以下程序，则以下说法正确的是（　　　）。

```
struct Stu{
    int num=12001;
    char name[20]="Peter";
    char sex='M';
    int age=19;
    float score=85;
}S1;
```

A．编译时不会有错误　　　　B．以上程序段为结构体类型变量进行了初始化

C．Stu 是结构体类型变量　　D．以上说法都正确

2. 若有结构体类型变量 S1 和 S2，以下说法正确的是（　　　）。

A．结构体类型变量不能作为整体进行输入和输出

B．语句 "printf("%d%s%c%d%d", S1);" 可以输出 S1 的值

C．S2==S1 表示的是 S2 和 S1 相等

D．以上说法都不正确

3. 若有结构体类型 Score 和 Student，则以下说法正确的是（　　　）。

```
struct Score{
    float Chinese;
    float English;
    float Maths;
};
struct Student{
    int num;
    char name[20];
    struct Score score;
}student;
```

A．student. English 是正确的　　B．student. score. English 是正确的

C．score. English 是正确的　　　D．以上说法都不正确

4. 设 p 是一个指向结构体类型变量 S1 的指针，以下（　　　）不是给结构体类型变量 S1 的 num 成员赋值为 201701 的语句。

A．s1.num=201701;　　　　B．(*p).num=201701;

C．p->num=201701;　　　　D．以上都不正确

5. 以下说法正确的是（　　　）。

　　A．由于成员运算符"."比指针运算符"*"优先级高，因此，"*p"必须用括号括起来

　　B．成员运算符"."和指针运算符"*"可一起使用

　　C．由于指针运算符"*"比成员运算符"."优先级高，因此，"*p"不需要用括号括起来

　　D．以上都不正确

6. 设有以下程序，若有"p=&c2;"，则对 c2 中的成员 a 的正确引用是（　　　）。

```
struct stru1{
    int a;
    float b;
}c2,*p;
```

　　A．(*p).c2.a　　　　　　　　　　B．(*p).a

　　C．p->c2.a　　　　　　　　　　 D．p.c2.a

7. 若有结构体类型变量 S1 "struct Stu S1;"，则语句 "struct Stu *p=&S1;" 的含义是（　　　）。

　　A．定义指针变量 p，并指向结构体类型变量 S1

　　B．定义指针变量 p，并将结构体类型变量 S1 的值赋给指针变量 p

　　C．定义指针变量 p，并将结构体类型变量 S1 的值按位与指针变量 p

　　D．以上都不正确

8. 若有结构体类型数组和指向结构体对象的指针变量，则可使结构体类型指针 p 指向结构体类型数组的首地址的语句是（　　　）。

　　A．struct Stu *s[3], p =&s;　　　　B．struct Stu s[3],*p; p=s;

　　C．struct Stu s[3], p; p=s;　　　　 D．struct Stu *s[3], p =s;

9. 用结构体类型变量成员作为函数参数，将实参值传给形参，这种传递方式称为（　　　）。

　　A．值传递　　　B．地址传递　　　C．混合传递　　　D．以上都不正确

10. 用指向结构体类型变量（或数组元素）的指针作为函数实参，其实质是（　　　）。

　　A．向函数传递结构体的地址　　　B．向函数传递结构体的值

　　C．向函数传递结构体的名称　　　D．以上都不正确

11. 共用体的所有成员共同占用一段内存，共用体类型变量所占内存空间取决于（　　　）。

　　A．其所有成员占内存空间之和

　　B．其成员中占内存空间最小的那个成员变量

　　C．其成员中占内存空间最大的那个成员变量

　　D．以上都不正确

12. 若有定义枚举类型 weekday，则语句 "enum weekday{sun,mon,tue,wed,thu,fri,sat};" 中各成员的值依次是（　　　）。

A. 1 2 3 4 5 6 7   B. 0 1 2 3 4 5 6

C. 1 3 5 7 9 11 13   D. 以上都不正确

13. 若有语句 "typedef int Integer;", 则以下说法正确的是（   ）。

    A. int 数据类型的别名是 Integer

    B. Integer 是整型变量

    C. typedef 不是 C 语言关键字

    D. 以上都不正确

三、程序填空题

1. 以下程序的输出结果是_____。

```c
#include<stdio.h>
struct Stu{
    int num;            //学号为整型数据
    char name[20];      //姓名为字符串
    char sex;           //性别为字符型数据
    int age;            //年龄为整型数据
    float score;        //成绩为实型数据
};
void main(){
    int i;
    float sum=0.0;
    struct Stu s[30]={{12001,"Peter",'M',19,85},{12002,"Betty",'M',18,91},{12003,"Lily",'F',18,83}};
        //对结构体数组进行初始化
    for(i=0;i<3;i++)
        sum=sum+s[i].score;     //计算3名学生的成绩总和
    printf("平均分：%5.1f\n",sum/3.0); //输出平均分
}
```

2. 以下程序的执行结果是_____。

```c
#include<stdio.h>
union UN{
    short s;
    char c;
    float f;
};
void main(){
    int a;
    union UN u1={2};
```

```
    a=sizeof(u1);
    printf("所占内存字节数：%d\n",a);
}
```

3. 若输入_____，则以下程序的输出结果是_____。

```
#include<stdio.h>
void main(){
    int a;
    enum weekday{sun=0,mon=1,tue,wed,thu,fri,sat};
    printf("请输入一个数字:");
    scanf("%d",&a);
    switch(a){
        case mon:printf("星期一\n");break;
        case tue:printf("星期二\n");break;
        case wed:printf("星期三\n");break;
        case thu:printf("星期四\n");break;
        case fri:printf("星期五\n");break;
        case sat:printf("星期六\n");break;
        case sun:printf("星期日\n");break;
        default:printf("错误!\n");break;
    }
}
```

四、编程题

1. 编写程序，用结构体类型数组存储表 7-13 中的数据，并输出每条记录的值。

表 7-13　数据

num	name	Score1	Score2	Score3
12001	Peter	85	90	84
12002	Betty	91	80	78
12003	Lily	83	72	70

2. 编写程序，通过应用指向结构体类型变量的指针，输出结构体类型变量中成员的信息（数据如下）。

学号：120001　姓名：Peter　性别：'M'　年龄：19　成绩：85

3. 编写程序，在 main()函数中定义结构体类型变量并赋初始值，然后在 main()函数中调用自定义函数 print()，将结构体类型变量的成员逐一输出，用指针实现。

4. 编写程序，定义枚举类型数据 month，实现输入 1～12 范围内的整数，输出对应月份的英文。

实训小结与易错点分析

结构体、共用体和枚举类型是重要的构造数据类型，由用户根据实际需要来定义。结构体数据类型和共用体数据类型都占用内存，结构体类型变量成员独立占用内存空间，共用体的所有成员共同占用一段内存，占用内存空间最多的成员决定了共用体所占内存空间大小。枚举类型简化了特定的程序设计，用 typedef 自定义数据类型名也使程序中的结构体、共用体类型变量得到了简化。指向结构体类型数组、指针增强了程序处理数据的能力。

具体应用时需要注意的内容如下。

（1）在声明结构体数据类型时，漏掉结构体类型成员后端花括号后面的分号，如 "struct Stu{ int num; char name[5]; int age;}"，程序编译时报错误信息 "error C2236: unexpected 'struct' 'Stu' "。

（2）声明结构体数据类型时初始化成员，程序编译时报错误信息 "error C2143: syntax error : missing ';' before '='" "syntax error : '='" "syntax error : '}'" 等。

（3）定义结构体类型变量时漏掉关键字 struct，程序编译时报错误信息 "error C2065: 'Student' : undeclared identifier"。

（4）初始化结构体类型变量时，初始值多于或少于结构体类型变量成员数量，如 "s2={12002, "Betty",'f',18},*p1=&s1, *p2=&s1;"，程序编译时报错误信息 "error C2078: too many initializers"。以整体形式引用结构体类型变量时，如 "printf("%d\n",stu1);"，程序编译时不报错误信息，运行结果是结构体类型变量在内存中的地址。

（5）枚举元素被赋值，如 "wed=1"，程序编译时报错误信息 "error C2440: '=' : cannot convert from 'const int' to 'enum main::weekday'"。

（6）已经定义过的数据类型的别名可直接应用于声明变量，不要再加关键字，如 "struct Stu s2={12002,"Jerry",91};"，关键字 "struct" 多余，程序编译时报错误信息 "error C2079: 's2' uses undefined struct 'Stu'"。

第**8**章
文　件

📚 学习任务

❖ 理解文件和文件指针之间的关系。

❖ 理解并掌握文件操作顺序。

❖ 掌握使用函数打开、关闭文件的方法。

❖ 掌握读写文件的方法。

❖ 掌握文件定位的方法。

❖ 掌握文件操作的出错检测方法。

🔍 实训任务

实训 8-1　　文件指针与文件读写

【实训学时】2 学时

【实训目的】

1. 掌握计算机文件的组织形式。

2. 掌握文件的相关概念。

3. 理解文件与文件指针的关系及相关操作。

4. 掌握读写文件所用的函数。

【实训内容】

1. 熟悉计算机文件的相关概念，如表 8-1 所示。

表 8-1　计算机文件的相关概念

概　　念	原　　理	说　　明	示　　例
文件	结构体类型为 FILE	由系统声明，包含在 stdio.h 中	—
文件系统	缓冲文件系统（标准文件系统）	ANSIC 标准中只采用缓冲文件系统	—
	非缓冲文件系统		
计算机文件组织形式	ASCII 文件	文本文件，在磁盘中存放时每个字符对应 1 字节，用于存放对应的 ASCII 码	源程序文件、头文件
	二进制文件	文件在磁盘中存放的是对应数值的二进制。可节省存储空间，但可读性差	0000010011010010
文件逻辑结构	流（stream）式文件	以字节为单位进行访问，不区分类型，没有记录的界限。效率不高，但管理简单	—
	记录文件	包括顺序文件、索引文件、索引顺序文件、散列文件等	—
文件三要素	文件路径	E:\\ 或 E:/	D:\\CWS\\file_1.txt
	文件名	file	
	后缀	.txt	
数据流向	输入	数据从磁盘文件流向内存的过程	—
	输出	数据从内存流向磁盘文件的过程	—

2．熟悉文件打开模式，如表 8-2 所示。

表 8-2　文件打开模式

模　　式	含　　义	说　　明
r	只读	文件必须存在，否则打开失败
w	只写	打开或建立一个文本文件，只允许写数据。若指定的文件不存在，则建立新文件
a	追加只写	若文件存在，则位置指针移到文件末尾，追加写入，该方式不删除原文件数据；若文件不存在，则打开失败
r+	读写	文件必须存在，在只读模式的基础上加"+"表示增加可写的功能
w+	读写	打开或建立一个文本文件，允许读写。若指定的文件不存在，则建立新文件
a+	读写	打开一个文本文件，允许读或在文件末尾追加数据。若指定的文件不存在，则打开失败
rb	二进制读	功能同模式 r
wb	二进制写	功能同模式 w
ab	二进制追加	功能同模式 a
rb+	二进制读写	功能同模式 r+
wb+	二进制读写	功能同模式 w+
ab+	二进制读写	打开一个二进制文件，允许读或在文件末尾追加数据。若指定的文件不存在，则打开失败

3．熟悉打开、关闭文件函数，如表 8-3 所示。

表 8-3 打开、关闭文件函数

操　作	标 准 库	函 数 原 型	说　明
打开文件	stdio.h	FILE *fopen(char *filename, char *mode);	打开成功，返回该文件对应的 FILE 类型的指针
			打开失败，返回 NULL
关闭文件		int fclose(FILE *fp);	关闭成功
			关闭失败，返回 EOF(−1)

4．熟悉文件指针的相关操作，如表 8-4 所示。

表 8-4 文件指针的相关操作

操　作	格　式	示　例
文件指针变量声明	FILE *文件指针变量;	FILE *fp; FILE *fp1, *fp2;
文件指针变量打开文件	FILE *文件指针变量=fopen(文件,文件打开模式);	FILE *fp=fopen("file1.txt","r");
		FILE *fp =fopen("file1.txt","a+");
		FILE *fp;
		fp=fopen("c:\\text\\file1.txt","w");
文件指针关闭文件	fclose(文件指针);	fclose(fp);

5．应用文件指针编写程序，实现打开和关闭文件操作。

练习实例：（8-1.c）

```c
#include<stdio.h>
#include<stdlib.h>
void main(){
    FILE *fp1=fopen("D:\\file1.txt","r"),*fp2;
    if(NULL==fp1){
        printf("文件打开失败!\n");
        exit(0);
    }
    fp2=fopen("f2.txt","a");
    if(NULL==fp2){
        printf("文件打开失败!\n");
        exit(0);
    }
    fclose(fp1);
    fclose(fp2);
}
```

6．应用文件指针编写程序，实现打开和关闭文件操作，并使用函数返回值判断结果。

练习实例：（8-2.c）

```c
#include<stdio.h>
#include<stdlib.h>
```

```
void main(){
    FILE *fp;
    if((fp=fopen("D:\\file2.txt","r"))==NULL){
        printf("不能打开该文件\n");
        exit(0);
    }else
        printf("文件已打开\n");
    if(fclose(fp)==0)
        printf("文件已关闭\n");
    else
        printf("错误：文件没有关闭!\n");
}
```

7. 熟悉文件读写函数，如表 8-5 所示。

表 8-5　文件读写函数

文件读写	函　数	函数原型	示　例
字符读写	fgetc()	int fgetc(FILE *stream);	c=fgetc(fp);
	fputc()	int fputc(int char, FILE *stream);	fputc(c,fp);
字符串读写	fgets()	char *fgets(char *str, int n, FILE *stream);	fgets(str,n,fp);
	fputs()	int fputs(const char *str, FILE *stream);	fputs(str,fp);
格式化读写	fscanf()	int fscanf(FILE *stream, const char *format, ...);	fscanf(fp,"%c%d",&c,&a);
	fprintf()	int fprintf(FILE *stream, const char *format, ...);	fprintf(fp,"%c%d",c,a);
数据块读写	fread()	fread(buffer,size,count,fp);	fread(str,3,5,fp);
	fwrite()	fwrite(buffer,size,count,fp);	fwrite(date1,sizeof(struct date),3,fp);

8. 应用文件读写函数编写程序，以只读模式（r）打开文件，读取文件中的字符并输出。
练习实例：（8-3.c）

```
#include<stdio.h>
#include<stdlib.h>
void main(){
    FILE *fp;
    int c;
    int n=0;
    fp=fopen("D:\\file3.txt","r");
    if(fp==NULL){
        printf("打开文件时发生错误\n");
        exit(0);
    }
    do{
        c=fgetc(fp);
        if(feof(fp))
```

```
            break;
        printf("%c",c);
    }while(1);
    putchar('\n');
    fclose(fp);
}
```

9. 应用文件读写函数编写程序，以读写模式（a+）打开文件，先向文件写入字符，再输出文件内容。

练习实例：（8-4.c）

```
#include<stdio.h>
#include<string.h>
#include<stdlib.h>
void main(){
    FILE *fp=fopen("D:\\file4.txt","a+");
    unsigned int i;
    char c[]="C language.";
    char ch;
    if(fp==NULL){
    printf("打开文件时发生错误\n");
        exit(0);
    }
    for(i=0;i<strlen(c);i++){
        fputc(c[i],fp);
    }
    fclose(fp);
    fp=fopen("D:\\file4.txt","r");
    if(fp==NULL){
        printf("打开文件时发生错误\n");
        exit(0);
    }
    while(1){
        ch=fgetc(fp);
        if(feof(fp))
            break;
        printf("%c",ch);
    }
    putchar('\n');
    fclose(fp);
}
```

10. 应用文件读写函数编写程序，打开文件，从文件中读取 n-1 位字符串，并输出该字符串。

练习实例：（8-5.c）

```c
#include<stdio.h>
#include<stdlib.h>
void main(){
    FILE *fp;
    char str[20];
    int n=9;
    fp=fopen("D:\\file5.txt","r");
    if(fp==NULL){
        printf("打开文件时发生错误\n");
        exit(0);
    }
    fgets(str,n,fp);
    printf("%s\n",str);
    fclose(fp);
}
```

11. 应用文件读写函数编写程序，以读写模式（a+）打开文件，从文件中读取 n-1 位字符串，实现将输入的字符串追加到文件末尾。

练习实例：（8-6.c）

```c
#include<stdio.h>
#include<stdlib.h>
void main(){
    FILE *fp=fopen("D:\\file6.txt","a+");
    char str[20]="\0";
    if(fp==NULL){
        printf("文件不能打开\n");
        exit(0);
    }
    fgets(str,21,fp);
    puts(str);
    printf("输入一个字符串，不超过20个字符:\n");
    gets(str);
    fputs(str,fp);
    rewind(fp);
    fgets(str,20,fp);
    puts(str);
    fclose(fp);
}
```

12. 应用文件读写函数编写程序，读取文件中的数据，求出这些数据的平均值，并将平均值追加到文件末尾。

练习实例：（8-7.c）

```c
#include<stdio.h>
#include<stdlib.h>
#define N 10
void main(){
    int a[N],sum=0;
    float ave;
    int i;
    FILE *fp;
    if((fp=fopen("D:\\file7.txt","r+"))==NULL){
        printf("文件打开失败!");
        exit(0);
    }
    for(i=0;i<N;i++)
        fscanf(fp,"%3d",&a[i]);
    for(i=0;i<N;i++)
        printf("%3d",a[i]);
        putchar('\n');
    for(i=0;i<N;i++)
        sum+=a[i];
    ave=(float)sum/10;
    printf("这些数的平均值：%4.2f",ave);
    putchar('\n');
    fprintf(fp,"\n\n这些数的平均值：");
    fprintf(fp,"%4.2f",ave);
    fclose(fp);
}
```

13．应用文件读写函数编写程序，先将字符串中的数据写入文件，再将文件中的字符串输出。

练习实例：（8-8.c）

```c
#include<stdio.h>
#include<string.h>
void main(){
    FILE *fp=fopen("D:\\file9.txt","w+");
    char c[]="We love C language.";
    char buffer[20];
    fwrite(c,strlen(c)+1,1,fp);
    fseek(fp,0,SEEK_SET);
    fread(buffer,strlen(c)+1,1,fp);
    printf("%s\n",buffer);
    fclose(fp);
}
```

【实训小结】

完成如表 8-6 所示的实训小结。

表 8-6　实训小结

知识巩固	新建文本文件，将文件以读写模式打开，在文件中写入字符、字符串及其他数字，将文件中的字符、字符串及其他数字输入给程序中的变量，并输出
问题总结	
收获总结	
拓展提高	在党史知识学习系统中，用文件存储选手的详细信息，并输出所有选手的信息

实训 8-2 文件定位和出错检测

【实训学时】1 学时

【实训目的】

1．掌握定位文件位置指针的函数。

2．掌握定位文件函数 rewind()、fseek()和 ftell()的使用方法。

3．理解定位文件位置指针的相关操作。

4．掌握在程序设计中应用定位文件函数的方法。

5．掌握对文件进行读写操作过程中的出错情况进行检测的方法。

【实训内容】

1．熟悉定位文件函数，如表 8-7 所示。

表 8-7 定位文件函数

函　数	功　能	函　数　原　型	示　例
rewind()	将文件位置指针移到文件开头	void rewind(FILE *stream);	rewind(fp);

fseek()	将文件位置指针移到指定位置，如以文件开头为基准，文件位置指针向文件末尾方向移动	int fseek(FILE *stream, long int offset, int origin);	fseek(fp,10L,SEEK_SET);
			fseek(fp,10L,SEEK_CUR);
			fseek(fp,-20L,SEEK_END);

ftell()	获取当前文件读写指针相对于文件头的偏移字节数	long int ftell(FILE *stream);	len = ftell(fp);

2．熟悉定位文件函数参数，如表 8-8 所示。

表 8-8 定位文件函数参数

参　数	分　析		取　值	
	起　始　点	基　准		
origin	SEEK_SET	文件开头	0	
	SEEK_CUR	文件当前位置	1	
	SEEK_END	文件末尾	2	
offset	位置偏移量，为 long 型		正整数	从基准 origin 向后移动 offset 的字节
			负数	从基准 origin 向前移动|offset|的字节

3．应用 rewind()函数编写程序，将字符串中的数据写入文件，再将文件 file5.txt 中的字符读入字符数组中，最后将字符数组输出。

练习实例：（8-9.c）

```
#include<stdio.h>
#include<stdlib.h>
```

```c
#include<string.h>
void main(){
    char str[]="We love C language";
    FILE *fp;
    int ch;
    char buffer[20];
    fp=fopen("D:\\file10.txt","w");
    fwrite(str,1,sizeof(str),fp);
    fclose(fp);
    if((fp=fopen("D:\\file5.txt","r"))==NULL){
        printf("打开文件失败！\n");
        exit(0);
    }
    while(1){
        ch=fgetc(fp);
        if(feof(fp)){
            break;
        }
        printf("%c",ch);
    }
    rewind(fp);
    printf("\n");
    fread(buffer,1,strlen(buffer),fp);
    printf("%s\n",buffer);
    fclose(fp);
}
```

4. 应用 rewind()函数编写程序，将两个字符串依次写入文件，再将文件中的字符读入字符数组中，最后将字符数组输出。

练习实例：（8-10.c）

```c
#include<stdio.h>
#include<stdlib.h>
#include<string.h>
void main(){
    FILE *fp;
    char buffer[20];
    fp=fopen("D:\\file11.txt","w+");
    fputs("We love",fp);
    fseek(fp,8,SEEK_SET);
    fputs("C Language.",fp);
    fclose(fp);
```

```
    if((fp=fopen("D:\\file11.txt","r+"))==NULL){
        printf("打开文件失败! \n");
        exit(0);
    }
    rewind(fp);
    fread(buffer,1,strlen(buffer),fp);
    printf("%s\n",buffer);
    fclose(fp);
}
```

5. 应用 fseek()函数编写程序，计算文件所占内存。

练习实例：(8-11.c)

```
#include<stdio.h>
#include<stdlib.h>
void main(){
    FILE *fp=fopen("D:\\file12.txt","r");
    int len;
    if(fp==NULL){
        printf("打开文件错误\n");
        exit(0);
    }
    fseek(fp,0,SEEK_END);
    len=ftell(fp);
    fclose(fp);
    printf("文件所占内存=%d字节\n",len);
}
```

6. 熟悉文件检测函数，如表 8-9 所示。

表 8-9 文件检测函数

函 数	功 能	函 数 原 型	示 例
feof()	当文件位置指针在文件末尾时，返回值为 1，否则返回值为 0	int feof(FILE *fpoint);	if(feof(fp)) printf("指向文件末尾\n");
ferror()	返回值为 0，表示调用输入、输出函数成功，否则表示失败	int ferror(FILE *stream)	ferror(fp);
clearerr()	清除文件错误标志，并将文件结束标志置为 0	void clearerr(FILE *stream)	clearerr(fp);

7. 应用 feof()函数编写程序，将文件 file13.txt 复制到另一个文件 file14.txt 中，并输出、检测是否成功。

练习实例：(8-12.c)

```
#include<stdio.h>
```

```
#include<stdlib.h>
void main(){
    FILE *fp1,*fp2;
    char c;
    if((fp1=fopen("D:\\file13.txt","r"))==NULL){
        printf("错误：文件打开失败!\n");
        exit(0);
    }
    if((fp2=fopen("D:\\file14.txt","w+"))==NULL){
        printf("错误：文件打开失败!\n");
        exit(0);
    }
    while(!feof(fp1)){
        c=fgetc(fp1);
        fputc(c,fp2);
    }
    rewind(fp2);
    do{
        c=fgetc(fp2);
        printf("%c",c);
    }while(!feof(fp2));
    putchar('\n');
    fclose(fp1);
    fclose(fp2);
}
```

8. 应用 ferror()和 clearerr()函数编写程序，对文件读写过程中的出错情况进行检测。

练习实例：（8-13.c）

```
#include<stdio.h>
void main(){
    FILE *fp;
    char c[20]="\0";
    fp=fopen("D:\\file1.txt","r+");
    if(ferror(fp)){
        printf("读取文件时发生错误! \n");
    }else{
        printf("正常读取文件! \n");
    }
    clearerr(fp);
```

```
    do{
        c[i]=fgetc(fp);
        putchar(c[i]);
        i++;
    }while(!feof(fp));
    putchar('\n');
    fclose(fp);
}
```

9. 应用文件函数编写程序，将表 8-10 中的姓名和成绩及求得的平均成绩写入文件"学生成绩单.txt"。

表 8-10　姓名和成绩

学 生 姓 名	Peter	Lucy	Mary	Tom	John
成　　　绩	85	78	83	92	68

练习实例：（8-14.c）

```
#include<stdio.h>
#include<stdlib.h>
#define N 5
typedef struct{
    char name[10];
    float score;
}student;
void main(){
    FILE *fp;
    student stu[N]={{"Peter",85},{"Lucy",78},{"Mary",83},{"Tom",92},
{"John",68},};
    double sum=0.0;
    double ave;
    int i;
    if((fp=fopen("D:\\学生成绩单.txt","w+"))==NULL){
        printf("错误:文件打开失败!\n");
        exit(0);
    }
    for(i=0;i<N;i++){
        fprintf(fp,"姓名:%s    成绩: %f\n",stu[i].name,stu[i].score);
        sum=sum+stu[i].score;
    }
    ave=sum/N;
```

```
        fprintf(fp,"平均成绩:%f\n",ave);
        fclose(fp);
    }
```

10．应用文件函数编写程序，将输入的字符写入文件。

练习实例：（8-15.c）

```
#include<stdio.h>
#include<stdlib.h>
void main (){
    char file_name[20]="D:\\file15.txt";
    FILE *fp=fopen(file_name,"w");
    int c;
    if(NULL==fp){
        printf("Failed tO open the file!\n");
        exit(0);
    }
    printf("请输入字符，按回车键结束：");
    while((c=fgetc(stdin))!='\n'){
        fputc(c,stdout);
        fputc(c,fp);
    }
    fputc('\n',stdout);
    fclose(fp);
}
```

11．应用文件函数编写程序，将输入的若干字符串写入文件，然后从该文件中读取所有字符串，最后输出。

练习实例：（8-16.c）

```
#include<stdio.h>
#include<stdlib.h>
#define N 3
#define MAX_SIZE 30
void main(){
    char file_name[30]="D:\\file16.txt";
    char str[MAX_SIZE];
    FILE *fp;
    int i;
    fp=fopen(file_name,"w+");
    if(NULL==fp){
        printf("文件打开失败!\n");
```

```
        exit(0);
    }
    printf("请输入%d个字符串: \n",N);
    for(i=0;i<N;i++){
        printf("字符串%d:",i+1);
        fgets(str,MAX_SIZE,stdin);
        fputs(str,fp);
    }
    rewind(fp);
    while(fgets(str,MAX_SIZE,fp)!=NULL){
        fputs(str,stdout);
    }
    fclose(fp);
}
```

12．应用文件函数编写程序，从文件 file17.txt 中读取两个整数，并依次将其保存到两个整型变量中。

练习实例：（8-17.c）

```
#include<stdio.h>
#include<stdlib.h>
void main(){
    int a,b;
    FILE *fp=fopen("D:\\file17.txt","r");
    if(NULL==fp){
        printf("文件打开失败!\n");
        exit(0);
    }
    fscanf(fp,"%d%d",&a,&b);
    fclose(fp);
}
```

13．应用文件函数编写程序，向文件 file18.txt 中输入一名学生的姓名、学号和年龄并将内容输出。

练习实例：（8-18.c）

```
#include<stdio.h>
#include<stdlib.h>
int main(void){
    FILE *fp=fopen("D:\\file18.txt","w");
    char name[10]="张三";
```

```
        char no[15]="12007";
        int age=17;
        if(NULL==fp){
            printf("文件打开失败!\n");
            exit(0);
        }
        fprintf(fp,"%s\t%s\t%d\n",name,no,age);
        fclose(fp);
        return 0;
    }
```

14. 应用文件函数编写程序，向文件 file19.txt 中输入结构体类型数据。

练习实例：（8-19.c）

```
#include<stdio.h>
#include<stdlib.h>
#define N 3
typedef struct{
    char name[10];
    int age;
    char duty[20];
}people;
void main(){
    people p[N]={{"Tom",35,"教师"},{"John",18,"学生"},{"Jerry",28,"职工"}},t;
    int i;
    FILE *fp=fopen("D:\\file19.txt","wb+");
    if(NULL==fp){
        printf("打开文件失败!\n");
        exit(0);
    }
    fwrite(p,sizeof(people),N,fp);
    fprintf(stdout,"%s\t%s\t%s\n","姓名","年龄","职务");
    for(i=1;i<=N;i++){
        fseek(fp,0-i*sizeof(people),SEEK_END);
        fread(&t,sizeof(people),1,fp);
        fprintf(stdout,"%s\t%d\t%-s\n",t.name,t.age,t.duty);
    }
    fclose(fp);
}
```

【实训小结】

完成如表 8-11 所示的实训小结。

表 8-11　实训小结

知识巩固	编写程序，以只读模式打开文本文件，练习文件指针的定位操作，将指针定位到文件开头，移动指针，定位到文件末尾
问题总结	
收获总结	
拓展提高	在党史知识学习系统中，以只读模式打开存储选手详细信息的文件，定位指针，输出所指向的选手信息

自我评价与考核

完成如表 8-12 所示的自我评价与考核表。

表 8-12 自我评价与考核表

评测内容：	文件、文件类型指针、文件打开和关闭、文件读写、定位文件位置、文件检测		
完成时间：	完成情况： □优秀□良好□中等□合格□不合格		
序　号	知　识　点	自　我　评　价	教　师　评　价
1	计算机文件组织形式		
2	文件的相关概念，缓冲文件系统、非缓冲文件系统、ASCII 文件、二进制文件、流式文件、记录文件、文件路径、文件名、后缀、文件输入和输出		
3	文件与文件类型指针的关系，打开和关闭文件		
4	文件读写函数 fgetc()、fputc()，完成字符读写		
5	文件读写函数 fgets()、fputs()，完成字符串读写		
6	文件读写函数 fscanf()、fprintf()，格式化读写		
7	文件读写函数 fread()、fwrite()，完成数据块读写		
8	文件位置指针		
9	定位文件函数 rewind()、fseek()和 ftell()的使用方法		
10	定位文件位置指针的相关操作		
11	在程序设计中应用定位文件函数		
12	文件检测函数 feof()、ferror()和 clearerr()的使用方法		
13	对文件读写过程中的出错情况进行检测		
需要改进的内容：			

习题 8

一、填空题

1. _____指存储在外部介质（如磁盘等）上的有序的数据集合。

2. 根据数据的组织形式不同，文件可分为_____文件和_____文件。

3. C 语言系统中的文件都是被看成一个字节序列，称为_____（stream），以_____

为单位进行访问，没有记录的界限。将数据从磁盘文件流向内存的过程称为_____，将数据从内存流向磁盘文件的过程称为_____。

4．除了标准的输入、输出文件外，其他所有的文件都必须先_____再使用，而且使用后必须_____该文件。

5．声明 FILE 结构体类型的信息包含在头文件_____中，定义指向 FILE 类型的指针变量 fp 的语句为_____。

6．以只读模式打开 myfile 文件并将返回值赋给指针变量 fp 的语句为_____。

7．用只写模式打开文件时，若_____，则以指定的文件名新建文件；若打开的文件已经存在，则原文件内容消失，重新写入内容且只能进行_____操作。

8．_____函数的功能是将一个字符输出到文件中。将字符 C 写入指针 fp 指向文件的语句为_____。

9．_____是系统设置的用来指向文件当前读写位置的指针，不需要用户定义，但会随着文件的读写操作而移动。

二、选择题

1．C 语言程序中对文件进行操作时都要执行的步骤是（   ）。

   A．读写文件、关闭文件

   B．打开文件、读写文件、关闭文件

   C．打开文件、打开文件是否成功的判断、关闭文件

   D．以上说法都不正确

2．以只读模式打开文件 myfile，若文件打开失败，则 fopen()函数返回（   ）。

   A．错误 error   B．空指针 NULL

   C．空指针 NONE   D．以上说法都不正确

3．打开或建立一个文本文件，只允许写数据的文件打开模式是（   ）。

   A．r   B．w   C．a   D．rb

4．用只读模式打开文件时，以下说法正确的是（   ）。

   A．该文件必须已经存在，否则出错，且只能进行读取操作

   B．该文件没必要存在

   C．重新创建文件

   D．以上都不正确

5．设有以下程序，以下说法正确的是（   ）。

```
if((fp=fopen("myfile","r"))==NULL)
{
    printf("cannot open this file\n");
    exit(0);
}
```

A．打开文件的同时判断是否成功

B．退出程序执行

C．输出字符串"cannot open this file"

D．以上都不正确

6．以下说法不正确的是（　　）。

A．以 r+、w+、a+模式打开的文件都既可读又可写

B．以 r+与 r 模式打开的文件必须已经存在

C．以 a+模式打开文件后，可以在文件末尾追加新数据，也可以读取文件

D．以上都不正确

7．关闭指针 fp 指向文件的操作为（　　）。

A．close(fp);　　　　　　　　B．fclose(fp);

C．exit(fp);　　　　　　　　D．以上都不正确

8．以下程序的输出结果是（　　）。

```c
#include<stdio.h>
#include<stdlib.h>
void main(){
    FILE *fp;
    int i,j=9,k=9;
    if((fp=fopen("d:\\test.txt","w"))==NULL){
        printf("cannot open this file\n");
        exit(0);
    }
    for(i=1;i<5;i++)
    fprintf(fp,"%d",i);
    fclose(fp);
    if((fp=fopen("d:\\test.txt","r"))==NULL){
        printf("cannot open this file\n");
        exit(0);
    }
    fscanf(fp,"%d%d",&j,&k);
    fclose(fp);
    printf("j=%d,k=%d\n",j,k);
}
```

A．j=1,k=2　　　　　　　　B．j=1234,k=9

C．j=9,k=9　　　　　　　　D．j=12,k=34

9. fputs()函数的功能是（　　　）。

    A. 向文件中写入一个字符串，其中字符串可以是字符串常量，也可以是已被赋值的字符数组

    B. 向文件中写入一个字符，该字符也可以是字符常量

    C. 向文件中写入一个整型数组

    D. 以上都不正确

10. 关于 fprintf()函数与 printf()函数，以下说法正确的是（　　　）。

    A. 功能相同

    B. fprintf()函数用于输出文件，printf()函数用于输出基本数据

    C. 功能类似，区别在于 printf()函数输出到显示器上，而 fprintf()函数输出到文件中

    D. 以上都不正确

11. 可以一次读入和写入一组数据的文件处理函数是（　　　）。

    A. fscanf()和 fprintf()

    B. fgetchar()和 fputchar()

    C. fread()和 fwrite()

    D. 以上都不正确

12. 语句"fread(str,3,5,fp);"的作用是（　　　）。

    A. 从 fp 所指文件的第 3 字节开始，读 5 次，送至数组 str 中

    B. 从 fp 所指文件的第 5 字节开始，读 3 次，送至数组 str 中

    C. 从 fp 所指文件中，每次读 3 字节，读 5 次，送至数组 str 中

    D. 以上都不正确

13. 关于 rewind()函数的功能，以下说法正确的是（　　　）。

    A. 用于将文件位置指针移到文件末尾

    B. 用于将文件位置指针移到文件开头

    C. 用于查找文件位置指针的当前位置

    D. 以上都不正确

14. 语句"fseek(fp,50L,0);"的作用是（　　　）。

    A. 以文件开头为基准，文件位置指针向文件末尾方向移动 50 字节

    B. 以文件末尾为基准，文件位置指针向文件开头方向移动 50 字节

    C. 以文件中间为基准，文件位置指针向文件开头方向移动 50 字节

    D. 以上都不正确

三、程序填空题

1. 若文件 test.txt 不存在，则以下程序的输出结果是_____。

```
#include<stdio.h>
```

```
#include<stdlib.h>
void main(){
    FILE *fp;
    if((fp=fopen("test.txt","r"))==NULL){
        printf("Cannot open file!\n");
        exit(0);
    }
    fclose(fp);
}
```

2. 若文件 file.txt 中的数据为 "98 97 95 90 85"，以下程序执行后，file.txt 中的内容是 _____。

```
#include<stdio.h>
#include<stdlib.h>
#define N 5
void read_data(int n[],int m){
    int i;
    FILE *fp;
    if((fp=fopen("file.txt","r"))==NULL){
        printf("cannot open this file!\n");
        exit(0);
    }
    for(i=0;i<m;i++)
        fscanf(fp,"%3d",&n[i]);
    fclose(fp);
}
float Ave(int a[]){
    int i;
    float ave=0.0;
    for(i=0;i<N;i++){
        ave+=a[i];
    }
    return ave/5;
}
void write_data(int a[],float ave){
    FILE *fp;
    if((fp=fopen("file.txt","a"))==NULL){
        printf("cannot open this file!\n");
        exit(0);
```

```
    }
    fprintf(fp,"\n\n平均值：");
    fprintf(fp,"%4.2f",ave);
    fclose(fp);
}
void main(){
    int a[N];
    float ave;
    read_data(a,N);
    ave=Ave(a);
    write_data(a,ave);
}
```

四、编程题

1. 编写程序，打开文件 file.txt，读取文件内容并将其输出。

2. 编写程序，输入若干字符，将字符写入 E 盘的 file.txt 文件中。

实训小结与易错点分析

　　文件及文件类型指针，文件打开的几种模式，文件打开、关闭函数的使用方法，文件打开是否成功的检测等基本操作，是文件的基本实训内容。

　　通过设计程序对文件进行读写，包括将字符、字符串、标准数据及数据块、结构体数据写入文件。定位方式及文件操作时的出错检测等函数使文件操作更可靠。

　　进行文件操作时需要注意的内容如下。

　　（1）要打开的文件不存在，程序编译时不报错误信息，但是也不能进行读操作。

　　（2）打开方式有误，如写文件时打开模式为 r，程序编译时报错误信息 "error C2065: 'FILE' : undeclared identifier"。

　　（3）使用函数 exit(0) 时缺少头文件 "#include<stdlib.h>"，程序编译时报错误信息 "error C2065: 'exit' : undeclared identifier"。

　　（4）文件操作步骤错误，只有打开、打开判断和关闭，漏掉打开文件是否成功的判断或者关闭文件，程序编译及组建时不报错误信息，但会影响程序运行结果。

　　（5）错用文件位置指针，编程时可用 rewind() 函数将文件的位置指针强制定位到文件开头。

　　（6）使用字符串输入函数时，参数超过字符串的长度，如 "fgets(str,90,fp);"，程序编译时不报错误信息，但会影响程序运行结果。fgets() 函数从 fp 所指向的文件内读取字符串，并在其后自动添加字符串结束标志'\0'，然后存入字符数组所指的缓冲内存空间，直到遇到回车换行符或已读取 size-1 个字符或已读到文件末尾为止。该函数读取的字符串最大长度为 size-1。

（7）格式化读写函数 fscanf()和 fprintf()参数错误，如 "fscanf(fp,"%3d",a[i]); fprintf(fp, "%3d",&a[i]);"，程序编译时不报错误信息，但会影响程序运行结果。

（8）函数 fseek()的参数 origin 应取值 SEEK_SET、SEEK_CUR 和 SEEK_END，取值依次为 0、1、2，不能将其他值作为参数。

第 9 章
综合实例——学生信息管理系统

学习任务

❖ 了解系统开发步骤。

❖ 会进行流程设计。

❖ 掌握实现程序设计的方法。

❖ 掌握维护程序的方法。

实训任务

实训 9	系统开发设计与实现过程

【实训学时】2 学时

【实训目的】

1．掌握系统开发步骤。

2．掌握各个步骤的主要工作。

3．理解完成各项工作的任务要求。

【实训内容】

1．熟悉系统开发步骤。

（1）调研沟通、获取需求；

（2）需求分析；

（3）概要设计；

（4）详细设计；

（5）编码实现；

（6）测试维护；

（7）打包发布、投入使用。

2．熟悉需求分析阶段的主要工作流程，如图 9-1 所示。

图 9-1　需求分析阶段的主要工作流程

3．熟悉概要设计阶段的主要工作流程，如图 9-2 所示。

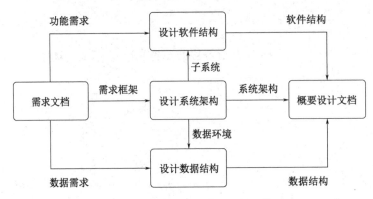

图 9-2　概要设计阶段的主要工作流程

4．熟悉详细设计流程图。学生信息管理系统菜单的详细设计流程图如图 9-3 所示。

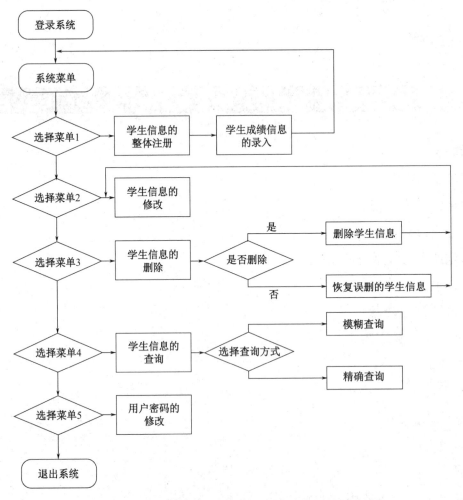

图 9-3　学生信息管理系统菜单的详细设计流程图

5. 熟悉数据结构设计。学生基本信息表如表 9-1 所示。

表 9-1 学生基本信息表

名　　称	变　量	类　　型	长　　度	名　　称	变　量	类　　型	长　　度
学号	num	char	10	姓名	name	char	20
性别	sex	char	3	年龄	age	int	
出生年月	birth	char	20	电话号码	tele	long	
家庭住址	addr	char	30	是否党员	party	char	3
学科成绩	score	float	M	成绩总分	total	float	

6. 编码实现。

（1）实现基本数据的设计。

```c
#include"stdio.h"
#include"malloc.h"
#include"string.h"
#include"stdlib.h"
#include"conio.h"
#define M 3
struct student{
    char num[10]; //学生的学号
    char name[20]; //学生的姓名
    char sex[3]; //学生的性别
    int age; //学生的年龄
    char birth[20]; //学生的出生年月
    long tele; //学生的电话号码
    char addr[30]; //学生的家庭住址
    char party[3]; //学生是否党员
    float score[M]; //学生各门学科成绩
    float total; //学生的学科成绩总分
    struct student *next;
}stud[100];
struct secret{
    char user[30];
    char code[30];
}use[100];
int len; //学生人数
```

（2）实现将学生信息写入文件。

```
void writetxt(struct student *head){
    struct student *p;
    p=head;
    FILE *fp;
    fp=fopen("d:\\student.txt","wb");
    if(fp==NULL){
        printf("cannot open");
        return;
    }
    while(p!=NULL){
        fwrite(p,sizeof(struct student),1,fp);
        p=p->next;
    }
    fclose(fp);
}
```

（3）实现学生信息的整体注册。

```
struct student *create(){
    char ch;
    char ok;
    int i;
    struct student *p,*p1,*head,*p2;
    FILE *fp;
    fp=fopen("d:\\student.txt","rb");
    if(fp==NULL){
        printf("\n文件还不存在，是否创建？(Y/N)\n");
        ch=getchar();
        len=1;
        scanf("%c",&ok);
        if(ok=='Y'||ok=='y'){
            p1=p2=(struct student *)malloc(sizeof(struct student));
            if((len)<10)
                printf("请输入%d的学号:",len);
            else
                printf("请输入%d的学号:",len);
            scanf("%s",p1->num);
            if((len)<10)
                printf("请输入%d的姓名:",len);
```

```
else
    printf("请输入%d的姓名:",len);
scanf("%s",p1->name);
if((len)<10)
    printf("请输入%d的性别:",len);
else
    printf("请输入%d的性别:",len);
scanf("%s",p1->sex);
ch=getchar();
if((len)<10)
    printf("请输入%d的年龄:",len);
else
    printf("请输入%d的年龄:",len);
scanf("%d",&p1->age);
if((len)<10)
    printf("请输入%d的出生年月:",len);
else
    printf("请输入%d的出生年月:",len);
scanf("%s",p1->birth);
if((len)<10)
    printf("请输入%d的电话号码:",len);
else
    printf("请输入%d的电话号码:",len);
scanf("%ld",&p1->tele);
if((len)<10)
    printf("请输入%d的家庭住址:",len);
else
    printf("请输入%d的家庭住址:",len);
scanf("%s",p1->addr);
if((len)<10)
    printf("请输入%d是否党员:",len);
else
    printf("请输入%d是否党员:",len);
scanf("%s",p1->party);
head=NULL;
while(strcmp(p1->num,"0")!=0){
    len++;
    if(head==NULL)
```

```c
            head=p1=p2;
        else
            p2->next=p1;
        p2=p1;
        p1=(struct student *)malloc(sizeof(struct student));
        if((len)<10)
            printf("请输入%d的学号:",len);
        else
            printf("请输入%d的学号:",len);
        scanf("%s",p1->num);
        if((len)<10)
            printf("请输入%d的姓名:",len);
        else
            printf("请输入%d的姓名:",len);
        scanf("%s",p1->name);
        if((len)<10)
            printf("请输入%d的性别:",len);
        else
            printf("请输入%d的性别:",len);
        scanf("%s",p1->sex);
        ch=getchar();
        if((len)<10)
            printf("请输入%d的年龄:",len);
        else
            printf("请输入%d的年龄:",len);
        scanf("%d",&p1->age);
        if((len)<10)
            printf("请输入%d的出生年月:",len);
        else
            printf("请输入%d的出生年月:",len);
        scanf("%s",p1->birth);
        if((len)<10)
            printf("请输入%d的电话号码:",len);
        else
            printf("请输入%d的电话号码:",len);
        scanf("%ld",&p1->tele);
        if((len)<10)
            printf("请输入%d的家庭住址:",len);
```

```
                else
                    printf("请输入%d的家庭住址:",len);
                scanf("%s",p1->addr);
                if((len)<10)
                    printf("请输入%d是否党员:",len);
                else
                    printf("请输入%d是否党员:",len);
                scanf("%s",p1->party);
            }
            p2->next=NULL;
            writetxt(head);
            return(head);
        }
    }
    if(ok=='N'||ok=='n'){
        printf("请重新选择\n");
        return NULL;
    }else{
        printf("\n文件已经存在\n");
        fp=fopen("d:\\student.txt","rb");
        p=stud;
        for(i=0;!feof(fp);i++)
            fread(stud+i,sizeof(struct student),1,fp);
        len=i-1;
        printf("文件里含有%d条学生信息\n",len);
        printf("\n是否使用已经存在的学生数据？(Y/N)\n");
        ch=getchar();
        scanf("%c",&ok);
        if(ok=='Y'||ok=='y'){
            head=p1=p2=NULL;
            fp=fopen("d:\\student.txt","rb");
            if(fp==NULL){
                printf("open error\n");
                return NULL;
            }else{
                printf("学号 姓名 性别 年龄 出生年月 电话号码 家庭住址 是否党员
\n");

                for(i=0;i<len;i++){
```

```
                    p1=(struct student *)malloc(sizeof(struct student));
                    fread(p1,sizeof(struct student),1,fp);
                    if(head==NULL)
                        head=p2=p1;
                    else
                        p2->next=p1;
                    p2=p1;
                    printf("%2s%15s%10s%10d%15s%8ld%10s%8s\n",p1->num,
p1->name,p1->sex,p1->age,p1->birth,p1->tele,p1->addr,p1->party);
                }
            fclose(fp);
            return(head);
        }
    }
    if(ok=='N'||ok=='n'){
        len=1;
        p1=p2=(struct student *)malloc(sizeof(struct student));
        if((len)<10)
            printf("请输入%d的学号:",len);
        else
            printf("请输入%d的学号:",len);
        scanf("%s",p1->num);
        if((len)<10)
            printf("请输入%d的姓名:",len);
        else
            printf("请输入%d的姓名:",len);
        scanf("%s",p1->name);
        if((len)<10)
            printf("请输入%d的性别:",len);
        else
            printf("请输入%d的性别:",len);
        scanf("%s",p1->sex);
        ch=getchar();
        if((len)<10)
            printf("请输入%d的年龄:",len);
        else
            printf("请输入%d的年龄:",len);
        scanf("%d",&p1->age);
```

```
    if((len)<10)
        printf("请输入%d的出生年月:",len);
    else
        printf("请输入%d的出生年月:",len);
    scanf("%s",p1->birth);
    if((len)<10)
        printf("请输入%d的电话号码:",len);
    else
        printf("请输入%d的电话号码:",len);
    scanf("%ld",&p1->tele);
    if((len)<10)
        printf("请输入%d的家庭住址:",len);
    else
        printf("请输入%d的家庭住址:",len);
    scanf("%s",p1->addr);
    if((len)<10)
        printf("请输入%d是否党员:",len);
    else
        printf("请输入%d是否党员:",len);
    scanf("%s",p1->party);
    head=NULL;
    while(strcmp(p1->num,"0")!=0){
        if(head==NULL)
            head=p1=p2;
        else
            p2->next=p1;
        p2=p1;
        p1=(struct student *)malloc(sizeof(struct student));
        if((len)<10)
            printf("请输入%d的学号:",len);
        else
            printf("请输入%d的学号:",len);
        scanf("%s",p1->num);
        if((len)<10)
            printf("请输入%d的姓名:",len);
        else
            printf("请输入%d的姓名:",len);
        scanf("%s",p1->name);
```

```
        if((len)<10)
            printf("请输入%d的性别:",len);
        else
            printf("请输入%d的性别:",len);
        scanf("%s",p1->sex);
        ch=getchar();
        if((len)<10)
            printf("请输入%d的年龄:",len);
        else
            printf("请输入%d的年龄:",len);
        scanf("%d",&p1->age);
        if((len)<10)
            printf("请输入%d的出生年月:",len);
        else
            printf("请输入%d的出生年月:",len);
        scanf("%s",p1->birth);
        if((len)<10)
            printf("请输入%d的电话号码:",len);
        else
            printf("请输入%d的电话号码:",len);
        scanf("%ld",&p1->tele);
        if((len)<10)
            printf("请输入%d的家庭住址:",len);
        else
            printf("请输入%d的家庭住址:",len);
        scanf("%s",p1->addr);
        if((len)<10)
            printf("请输入%d是否党员:",len);
        else
            printf("请输入%d是否党员:",len);
        scanf("%s",p1->party);
        }
        p2->next=NULL;
        writetxt(head);
    }
    return (head);
    }
}
```

（4）实现学生信息的修改。

```c
struct student *change(struct student *head){
    struct student *p=head;
    int age,choose,m;
    long tele;
    char num[10];
    char ch,yes,sex[5],birth[20],addr[30],party[10];
    char *p1;
    if(head==NULL){
        printf("原链表为空");
        return NULL;
    }else{
        while(1){
            printf("请输入学号\n");
            scanf("%s",num);
            p=head;
            while(p!=NULL&&strcmp(p->num,num)!=0){
                p=p->next;
                if(p==NULL){
                    printf("该学生不存在\n");
                    break;
                }
                if(strcmp(p->name,"0")==0){
                    printf("该学生已不存在\n");
                    break;
                }
            }
            m=0;
            while(1){
                if(p==NULL)
                    break;
                if(strcmp(p->name,"0")==0)
                    break;
                printf("请选择：1.性别 2.年龄 3.出生年月 4.电话号码 5.家庭住址 6.是否党员\n");
                scanf("%d",&choose);
                if(choose==1){
                    printf("请输入新的性别：\n");
```

```
        scanf("%s",&sex);
        p1=sex;
        strcpy(p->sex,p1);
        printf("是否继续修改本学生的其他信息？Y/N\n");
        ch=getchar();
        scanf("%c",&yes);
        if(yes=='N'||yes=='n')
        break;
    }
    if(choose==2){
        printf("请输入新的年龄：\n");
        scanf("%d",&age);
        p->age=age;
        printf("是否继续修改本学生的其他信息？Y/N\n");
        ch=getchar();
        scanf("%c",&yes);
        if(yes=='N'||yes=='n')
        break;
    }
    if(choose==3){
        printf("请输入新的出生年月：\n");
        scanf("%s",birth);
        p1=birth;
        strcpy(p->birth,p1);
        printf("是否继续修改本学生的其他信息？Y/N\n");
        ch=getchar();
        scanf("%c",&yes);
        if(yes=='N'||yes=='n')
        break;
    }
    if(choose==4){
        printf("请输入新的电话号码：\n");
        scanf("%d",&tele);
        p->tele=tele;
        printf("是否继续修改本学生的其他信息？Y/N\n");
        ch=getchar();
        scanf("%c",&yes);
        if(yes=='N'||yes=='n')
```

```
                break;
            }
            if(choose==5){
                printf("请输入新的家庭住址：\n");
                scanf("%s",addr);
                p1=addr;
                strcpy(p->addr,p1);
                printf("是否继续修改本学生的其他信息？Y/N\n");
                ch=getchar();
                scanf("%c",&yes);
                if(yes=='N'||yes=='n')
                break;
            }
            if(choose==6){
                printf("请输入'是'或'否'：\n");
                scanf("%s",party);
                p1=party;
                strcpy(p->party,p1);
                printf("是否继续修改本学生的其他信息？Y/N\n");
                ch=getchar();
                scanf("%c",&yes);
                if(yes=='N'||yes=='n')
                break;
            }
        }
        printf("是否继续修改其他学生的信息？Y/N\n");
        ch=getchar();
        scanf("%c",&yes);
        if(yes=='N'||yes=='n')
            break;
    }
    writetxt(head);
    p=head;
    while(p!=NULL){
        printf("%2s%15s%10s%10d%15s%8ld%10s%8s\n",p->num,p->name,
p->sex,p->age,p->birth,p->tele,p->addr,p->party);
        p=p->next;
    }
```

```
        return head;
    }
}
```

（5）实现学生成绩的录入。

```
struct student *chengji(struct student *head){
    FILE *fp;
    struct student *p1,*p;
    int i;
    float sum=0;
    fp=fopen("d:\\student1.txt","wb");
    p1=(struct student *)malloc(sizeof(struct student));
    p1=head;
    while(p1!=NULL){
        if(strcmp(p1->name,"0")==0){
            printf("该学生不存在\n");
            p1=p1->next;
            continue;
        }
        printf("请输入学号为%s学生的高数、C语言、英语成绩:\n",p1->num);
        for(i=0;i<M;i++){
            scanf("%f",&p1->score[i]);
            sum+=p1->score[i];
        }
        p1->total=sum;
        sum=0;
        fwrite(p1,sizeof(struct student),1,fp);
        p1=p1->next;
    }
    fclose(fp);
    writetxt(head);
    p=head;
    printf("学号 姓名 性别 年龄 出生年月 电话号码 家庭住址 是否党员\n");
    while(p!=NULL){
        printf("%2s%15s%10s%10d%15s%8ld%10s%8s\n",p->num,p->name,p->
sex,p->age,p->birth,p->tele,p->addr,p->party);
        p=p->next;
    }
    return(head);
}
```

（6）实现学生信息的添加。

```c
struct student *insert(struct student *head){
    char ch,ok;
    struct student *p,*p0,*p1;
    p=p1=head;
    while(1){
        if((len+1)<10)
            printf("您的学号:%d\n",len+1);
        else
            printf("您的学号:%d\n",len+1);
        p0=(struct student *)malloc(sizeof(struct student));
        len++;
        if((len)<10)
            printf("请输入%d的学号:",len);
        else
            printf("请输入%d的学号:",len);
        scanf("%s",p0->num);
        if((len)<10)
            printf("请输入%d的姓名:",len);
        else
            printf("请输入%d的姓名:",len);
        scanf("%s",p0->name);
        if((len)<10)
            printf("请输入%d的性别:",len);
        else
            printf("请输入%d的性别:",len);
        scanf("%s",p0->sex);
        ch=getchar();
        if((len)<10)
            printf("请输入%d的年龄:",len);
        else
            printf("请输入%d的年龄:",len);
        scanf("%d",&p0->age);
        if((len)<10)
            printf("请输入%d的出生年月:",len);
        else
            printf("请输入%d的出生年月:",len);
        scanf("%s",p0->birth);
```

251

```
        if((len)<10)
            printf("请输入%d的电话号码:",len);
        else
            printf("请输入%d的电话号码:",len);
        scanf("%ld",&p0->tele);
        if((len)<10)
            printf("请输入%d的家庭住址:",len);
        else
            printf("请输入%d的家庭住址:",len);
        scanf("%s",p0->addr);
        if((len)<10)
            printf("请输入%d是否党员:",len);
        else
            printf("请输入%d是否党员:",len);
        scanf("%s",p0->party);
        while(p->next!=NULL)
            p=p->next;
        p->next=p0;
        p0->next=NULL;
        printf("是否继续添加？Y/N\n") ;
        ch=getchar();
        scanf("%c",&ok);
        if(ok=='y'||ok=='Y')len++;
        else{
            printf("您需要重新完成该学生信息的注册！\n");
            break;
        }
    }
    p=head;
    while(p!=NULL){
        printf("%2s%15s%10s%10d%15s%8ld%10s%8s\n",p->num,p->name,p->
sex,p->age,p->birth,p->tele,p->addr,p->party);
        p=p->next;
    }
    writetxt(head);
    return(head);
}
```

（7）实现恢复误删的学生信息。

```c
struct student *recover(struct student *head){
    FILE *fp;
    struct student *p1,*p;
    p=p1=(struct student*)malloc(sizeof(struct student));
    char ch;
    char num[10];
    p1=head;
    printf("input the recover number:");
    scanf("%s",num);
    fp=fopen("d:\\recycle.txt","rb");
    if(fp==NULL){
        printf("回收站为空！\n");
        return NULL;
    }else{
        printf("是否将回收站的数据还原？Y/N \n");
        ch=getchar();
        ch=getchar();
        if(ch=='n'||ch=='N')
            printf("不需要还原！");
        else{
            while(1){
                if(strcmp(p1->num,num)==0)
                    break;
                else
                    p1=p1->next;
            }
            while(!feof(fp)){
                fread(p,sizeof(struct student),1,fp);
                if(strcmp(p1->num,p->num)==0){
                    strcpy(p1->name,p->name);
                    strcpy(p1->sex,p->sex);
                    p1->age=p->age;
                    strcpy(p1->birth,p->birth);
                    p1->tele=p->tele;
                    strcpy(p1->addr,p->addr);
                    strcpy(p1->party,p->party);
                    printf("\n");
```

```
                break;
            }
        }
    }
    writetxt(head);
    p=head;
    while(p!=NULL){
        printf("%2s%15s%10s%10d%15s%8ld%10s%8s\n",p->num,p->name,
p->sex,p->age,p->birth,p->tele,p->addr,p->party);
        p=p->next;
    }fclose(fp);
    }
    return head;
}
```

（8）实现删除学生信息。

```
struct student *del(struct student *head){
    FILE *fp;
    struct student *p1,*p2,*p0;
    p1=p2=head;
    char ch;
    char num[10];
    printf("input the delete number:");
    scanf("%s",num);
    if(head==NULL)
        printf("nothing to delete!");
    else{
        while(p1!=NULL){
            if(strcmp(p1->num,num)!=0){
                p2=p1;
                p1=p1->next;
            }
            if(strcmp(p1->num,num)==0){
                p0=p1;
                printf("是否永久删除该学生的信息？Y/N \n");
                ch=getchar();
                ch=getchar();
                if(ch=='y'||ch=='Y'){
                    printf("该学生信息已经成功从磁盘删除！\n");
```

```
            if(p1==head){
                p0=p1;
                head=p1->next;
                p1=p2=head;
                p1=p2->next;
            }else{
                p0=p1;
                p2->next=p1->next;
                p1=p2->next;
            }
            break;
        }else{
            fp=fopen("d:\\recycle.txt","ab+");
            if(fp==NULL){
                printf("cannot open the file!");
                return NULL;
            }
            fwrite(p0,sizeof(struct student),1,fp);
            strcpy(p1->name,"0");
            strcpy(p1->sex,"0");
            p1->age=0;
            strcpy(p1->birth,"0");
            p1->tele=0;
            strcpy(p1->addr,"0");
            strcpy(p1->party,"0");
            printf("学生信息已放入回收站！\n");
            fclose(fp);
            printf("如果想恢复刚刚删除的学生信息，请输入'Y'or'y'\n");
            printf("如果不想恢复刚刚删除的学生信息，请输入'N'or'n'\n");
            ch=getchar();
            ch=getchar();
            if(ch=='y'||ch=='Y'){
                head=recover(head);
                break;
            }
            if(ch=='n'||ch=='N')
                break;
        }
```

```
                }
            }
        }
        writetxt(head);
        return head;
    }
```

（9）实现密码修改。

```
void write(){
    FILE *fp;
    struct secret p;
    int i;
    fp=fopen("d:\\mima.txt","wb");
    if(fp==NULL){
        printf("cannot open!");
    }
    for(i=0;i<=len;i++){
        p=use[i];
        fwrite(&p,sizeof(struct secret),1,fp);
    }
    fclose(fp);
}
```

（10）实现学生信息的查询。

```
void research(struct student *head){
    struct student *p1,*p2;
    p1=p2=head;
    int i,j,l=1,k=0;
    char sex[20],party[10],ch,yes;
    int age;
    char num[10],name[20];
    printf("请选择：1.模糊查询 2.精确查询：");
    scanf("%d",&i);
    if(i==1){
        while(l==1)  {
            printf("请选择：1.性别 2.年龄 3.是否党员：");
            scanf("%d",&j);
            if(j==1){
                p1=head;
                printf("请输入性别：");
```

```
                        scanf("%s",sex);
                        ch=getchar();
                        while(p1!=NULL){
                            if(strcmp(p1->sex,sex)==0){
                                printf("%2s%15s%10s%10d%15s%8ld%10s%8s\n",p1->num,
p1->name,p1->sex,p1->age,p1->birth,p1->tele,p1->addr,p1->party);
                                p1=p1->next;
                                continue;
                            }
                            k++;
                            if(k==3)
                                printf("该学生不存在！\n");
                            p1=p1->next;
                        }
                        printf("是否继续查询学生的其他信息？Y/N\n");
                        scanf("%c",&yes);
                        printf("yes=%c\n",yes);
                        if(yes=='N'||yes=='n')
                            break;
                        if(yes=='Y'||yes=='y')
                            k=0;
                    }
                    if(j==2){
                        p1=head;
                        printf("请输入年龄：");
                        scanf("%d",&age);
                        while(p1!=NULL){
                            if(p1->age==age){
                                printf("%2s%15s%10s%10d%15s%8ld%10s%8s\n",p1->num,
p1->name,p1->sex,p1->age,p1->birth,p1->tele,p1->addr,p1->party);
                                p1=p1->next;
                                continue;
                            }
                            k++;
                            if(k==3)
                                printf("该学生不存在！\n");
                            p1=p1->next;
                        }
```

```
            printf("是否继续查询学生的其他信息？Y/N\n");
            ch=getchar();
            scanf("%c",&yes);
            if(yes=='N'||yes=='n')
                break;
            if(yes=='Y'||yes=='y')
                k=0;
        }
        if(j==3){
            p1=head;
            printf("请输入是否党员：");
            scanf("%s",party);
            ch=getchar();
            while(p1!=NULL){
                if(strcmp(p1->party,party)==0){
                    printf("%2s%15s%10s%10d%15s%8ld%10s%8s\n",p1->num,
p1->name,p1->sex,p1->age,p1->birth,p1->tele,p1->addr,p1->party);
                    p1=p1->next;
                    continue;
                }
                k++;
                if(k==3)
                    printf("该学生不存在！\n");
                p1=p1->next;
            }
            printf("是否继续查询学生的其他信息？Y/N\n");
            scanf("%c",&yes);
            if(yes=='N'||yes=='n')
                break;
            if(yes=='Y'||yes=='y')
                k=0;
        }
    }
}
if(i==2) {
    printf("请选择细查的关键字：1.学号 2.姓名：");
    scanf("%d",&j);
    if(j==1){
```

```
        while(1){
            p1=head;
            printf("请输入学生的学号: ");
            scanf("%5s",num);
            while(p1!=NULL){
                if(strcmp(p1->num,num)==0){
                    printf("%2s%15s%10s%10d%15s%8ld%10s%8s\n",p1->num,
p1->name,p1->sex,p1->age,p1->birth,p1->tele,p1->addr,p1->party);
                    p1=p1->next;continue;
                }
                k++;
                if(k==3)
                    printf("该学生不存在! \n");
                p1=p1->next;
            }
            printf("是否继续查询其他学生的信息? Y/N\n");
            ch=getchar();
            scanf("%c",&yes);
            if(yes=='N'||yes=='n')
                break;
            if(yes=='Y'||yes=='y')
                k=0;
        }
    }
    if(j==2){
        while(1){
            p1=head;
            printf("请输入学生的姓名: ");
            scanf("%s",name);
            while(p1!=NULL){
                if(strcmp(p1->name,name)==0){
                    printf("%2s%15s%10s%10d%15s%8ld%10s%8s\n",p1->num,
p1->name,p1->sex,p1->age,p1->birth,p1->tele,p1->addr,p1->party);
                    p1=p1->next;continue;
                }
                k++;
                if(k==3)
                    printf("该学生不存在! \n");
```

259

```
                    p1=p1->next;
                }
                printf("是否继续查询其他学生的信息？Y/N\n");
                ch=getchar();
                scanf("%c",&yes);
                if(yes=='N'||yes=='n')
                    break;
                if(yes=='Y'||yes=='y')
                    k=0;
            }
        }
    }
}
```

（11）实现学生信息的精确查询。

```
void research1(char num[]) {
    int i;
    for(i=0;i<=len;i++)
    if(strcmp(stud[i].num,num)==0)
    printf("%2s%15s%10s%10d%15s%8ld%10s%8s\n",stud[i].num,stud[i].name,s
tud[i].sex,stud[i].age,stud[i].birth,stud[i].tele,stud[i].addr,stud[i].party);
    }
```

（12）实现密码修改。

```
void mimacli(){
    char use1[30],mima[30],newmima[30],ch;
    int i,j=0;
    printf("请输入用户名：\n");
    scanf("%s",use1);
    printf("请输入密码：\n");
    while(1){
        mima[j]=getch();
        if(mima[j]==13)
            break;
        putchar('*');
        j++;
    }
    mima[j]='\0';
    printf("\n");
    for(i=0;i<=len;i++){
```

```c
    if(strcmp(stud[i].name,"0")==0){
        printf("该学生不存在\n");
        continue;
    }
    if(strcmp(use1,use[i].user)==0&&strcmp(use[i].code,mima)==0){
        printf("请输入新密码: \n");
        ch=getchar();
        j=0;
        while(1){
            newmima[j]=getch();
            if(newmima[j]==13)
                break;
            putchar('*');
            j++;
        }
        newmima[j]='\0';
        printf("\n");
        strcpy(use[i].code,newmima);
        write();
        for(i=0;i<=len;i++){
            printf("////////////////////////////////////////////////\n");
            printf("%s",use[0].user);
            printf("%s\n",use[0].code);
            printf("////////////////////////////////////////////////\n");
        }
        break;
    }
    if(strcmp(use1,use[1].user)<0||strcmp(use1,use[len].user)>0){
        printf("*************************************\n");
        printf("用户名错误\n");
        printf("*************************************\n");
        break;
    }
    if(strcmp(use1,use[i].user)==0&&strcmp(use[i].code,mima)!=0){
        printf("*************************************\n");
        printf("密码错误\n");
        printf("*************************************\n");
        break;
    }
```

```
        }
    }
```

（13）实现学生信息管理系统的菜单。

```
int menu(){
    int sn,i,j=0;
    char use1[30];
    char mima[30];
    int m=0;
    printf(" 学生信息管理系统\n");
    printf("==========================================\n");
    printf(" 1.学生信息的整体注册\n");
    printf(" 2.学生信息的修改\n");
    printf(" 3.学生信息的添加\n");
    printf(" 4.学生信息的删除\n");
    printf(" 5.学生成绩信息的录入\n");
    printf(" 6.学生信息的查询\n");
    printf(" 7.用户密码的修改\n");
    printf(" 8.恢复误删的学生信息\n");
    printf(" 0.退出学生信息管理系统\n");
    printf("==========================================\n");
    printf("请选择0~8:\n");
    while(1){
        scanf("%d",&sn);
        if(sn==7)
            for(i=1;i<=len;i++){
                strcpy(use[i].user,stud[i-1].num);
                strcpy(use[i].code,stud[i-1].num);
            }
        if(sn>1&&sn<7||sn==8){
            printf("请输入您的用户名: ");
            scanf("%s",use1);
            printf("请输入您的密码: ");
            while(1){
                mima[j]=getch();
                if(mima[j]==13)
                    break;
                putchar('*');
                j++;
            }
```

```
            mima[j]='\0';
            printf("\n");
            if(sn==6)
                if(strcmp(use1,use[0].user)!=0){
                    for(i=0;i<=len;i++){
                        if(strcmp(use1,use[i].user)==0&&strcmp(use[i].
code,mima)==0){
                            if(i!=0){
                                printf("*********************************
*****\n");

                                printf("您只能查找您本人的信息\n");
                                printf("*********************************
*****\n");

                                research1(use1);
                                break;
                            }
                        }
                    }
                    if(strcmp(use1,use[0].user)==0&&strcmp(use[0].
code,mima)!=0){
                        printf("*******************************************
\n");

                        printf("密码错误\n");
                        printf("*******************************************
\n");

                        while(1){
                            m++;
                            if(m<3){
                                printf("请重新输入:\n");
                                printf("请输入您的用户名: ");
                                scanf("%s",use1);
                                printf("请输入您的密码: ");
                                j=0;
                                while(1){
                                    mima[j]=getch();
                                    if(mima[j]==13)
                                        break;
                                    putchar('*');
                                    j++;
                                }
```

```
                                        mima[j]='\0';
                                        if(strcmp(use1,use[0].user)==0&&strcmp
(use[0].code,mima)!=0){
                                            printf("***************************
***********\n");
                                            printf("密码错误\n");
                                            printf("***************************
***********\n");
                                        }
                                    }else{
                                        sn=0;
                                        break;
                                    }
                                }
                                sn=0;
                                break;
                            }
                    if(strcmp(use1,use[1].user)<0||strcmp(use1,use[len].
user)>0){
                                printf("***************************************
\n");
                                printf("用户名错误\n");
                                printf("***************************************
\n");
                                sn=0;
                                break;
                    }
                    if(strcmp(use1,use[i].user)==0&&strcmp(use[i].
code,mima)!=0){
                                printf("***************************************
\n");
                                printf("密码错误\n");
                                printf("***************************************
\n");
                                while(1){
                                    m++;
                                    if(m<3){
                                        if(strcmp(use1,use[i].user)==0&&strcmp
(use[i].code,mima)==0){
```

```
                                      printf("****************************
**********\n");

                                      printf("您没有权限来操作\n");
**********\n");                        printf("****************************

                                      sn=0;
                                      break;
                                   }
                                printf("请重新输入:\n");
                                printf("请输入您的用户名: ");
                                scanf("%s",use1);
                                printf("请输入您的密码: ");
                                j=0;
                                while(1){
                                   mima[j]=getch();
                                   if(mima[j]==13)
                                      break;
                                   putchar('*');
                                   j++;
                                }
                                mima[j]='\0';
                                printf("\n");
                                if(strcmp(use1,use[i].user)==0&&strcmp
(use[i].code,mima)!=0){

                                      printf("****************************
**********\n");

                                      printf("密码错误\n");
**********\n");                        printf("****************************

                                   }else{
**********\n");                        printf("****************************

                                      printf("欢迎您登录本系统\n");
                                      printf("****************************
**********\n");

                                      research1(use1);
                                      break;
                                   }
                                }else{
```

```
                                 sn=0;
                                 break;
                             }
                         }
                     }
                }
            }
        for(i=0;i<=len;i++){
            if(sn==6)
                if(strcmp(use1,use[0].user)!=0){
                    sn=0;
                    break;
                }
                if(strcmp(use1,use[i].user)==0&&strcmp(use[i].code,
mima)==0){
                    if(i!=0){
                        printf("****************************************
\n");
                        printf("您没有权限来操作\n");
                        printf("****************************************
\n");
                        sn=0;
                        break;
                    }else{
                        printf("****************************************
\n");
                        printf("欢迎您登录本系统\n");
                        printf("****************************************
\n");
                        break;
                    }
                }
                if(strcmp(use1,use[0].user)==0&&strcmp(use[0].code,
mima)!=0)    {
                        printf("****************************************
\n");
                        printf("密码错误\n");
                        printf("****************************************
\n");
```

```
                    while(1){
                        m++;
                        if(m<3){
                            printf("请重新输入:\n");
                            printf("请输入您的用户名: ");
                            scanf("%s",use1);
                            printf("请输入您的密码: ");
                            j=0;
                            while(1){
                                mima[j]=getch();
                                if(mima[j]==13)
                                    break;
                                putchar('*');
                                j++;
                            }
                            mima[j]='\0';
                            printf("\n");
                            if(strcmp(use1,use[0].user)==0&&strcmp
(use[0].code,mima)!=0){
                                printf("*********************************
********\n");
                                printf("密码错误\n");
                                printf("*********************************
********\n");
                            }else{
                                printf("*********************************
********\n");
                                printf("欢迎您登录本系统\n");
                                printf("*********************************
********\n");
                                break;
                            }
                        }else{
                            sn=0;
                            break;
                        }
                    }
                break;
            }
```

```
                         if(strcmp(use1,use[1].user)<0||strcmp(use1,use[len].
user)>0){
                             printf("**************************************\n");
                             printf("用户名错误\n");
                             printf("**************************************\n");
                             sn=0;
                             break;
                         }
                         if(strcmp(use1,use[i].user)==0&&strcmp(use[i].code,
mima)!=0){
                             printf("**************************************\n");
                             printf("密码错误\n");
                             printf("**************************************\n");
                             while(1){
                                 m++;
                                 if(m<3){
                                     if(strcmp(use1,use[i].user)==0&&strcmp
(use[i].code,mima)==0) {
                                         printf("*********************************
*******\n");
                                         printf("您没有权限来操作\n");
                                         printf("*********************************
*******\n");
                                         sn=0;
                                         break;
                                     }
                                     printf("请重新输入:\n");
                                     printf("请输入您的用户名: ");
                                     scanf("%s",use1);
                                     printf("请输入您的密码: ");
                                     j=0;
                                     while(1){
                                         mima[j]=getch();
                                         if(mima[j]==13)
                                             break;
                                         putchar('*');
                                         j++;
                                     }
                                     mima[j]='\0';
```

```
                                            printf("\n");
                                            if(strcmp(use1,use[i].user)==0&&strcmp
(use[i].code,mima)!=0){
                                                printf("**********************************
*******\n");
                                                printf("密码错误\n");
                                                printf("**********************************
*******\n");
                                            }
                                        }else{
                                            sn=0;
                                            break;
                                        }
                                    }
                                }
                            }
                        }
                        if(sn<0 || sn>8){
                            printf("\n\t输入错误，重选0～8\n");
                            break;
                        }else
                        break;
                    }
                    return sn;
            }
```

（14）实现学生信息管理系统的主函数。

```
    void main(){
        struct student *head;
        int i,j=0;
        while(1){
            switch(menu()){
                case 1:
                printf("****************************************\n");
                printf("学生信息的整体注册\n");
                printf("****************************************\n");
                head=create();
                FILE *fp;
                struct secret p;
```

```
fp=fopen("d:\\mima.txt","rb");
if(fp==NULL)
    printf("open error\n");
else{
    for(i=0;i<=len;i++){
        fread(&p,sizeof(struct secret),1,fp);
        strcpy(use[i].user,p.user);
        strcpy(use[i].code,p.code);
    }
    fclose(fp);
}
break;
case 2:
printf("*************************************\n");
printf("学生信息的修改\n");
printf("*************************************\n");
change(head);
break;
case 3:
printf("*************************************\n");
printf("学生信息的添加\n");
printf("*************************************\n");
head=insert(head);
break;
case 4:
printf("*************************************\n");
printf("学生成绩信息的删除\n");
printf("*************************************\n");
head=del(head);
break;
case 5:
printf("*************************************\n");
printf("学生成绩信息的录入\n");
printf("*************************************\n");
head=chengji(head);
break;
case 6:
```

```
            printf("*************************************\n");
            printf("学生信息的查询\n");
            printf("*************************************\n");
            research(head);
            break;
        case 7:
            printf("*************************************\n");
            printf("用户密码的修改\n");
            printf("*************************************\n");
            mimacli();
            break;
        case 8:
            printf("*************************************\n");
            printf("恢复误删信息\n");
            printf("*************************************\n");
            recover(head);
            break;
        case 0:
            printf("*************************************\n");
            printf("退出学生信息管理系统\n");
            printf("*************************************\n");
            printf("The end.\n");
            return;
        default: printf("\n选择错误,请重选!\n");
            getchar();
            getchar();
    }
    system("cls");
    }
}
```

7. 程序运行。

【实训小结】

完成如表 9-2 所示的实训小结。

表 9-2 实训小结

知识巩固	以图书管理系统为例，设计图书数据结构、图书管理流程
问题总结	
收获总结	
拓展提高	将党史知识学习系统的所有程序进行调试，检查程序中的语法和逻辑错误，运行与维护该系统

自我评价与考核

完成如表 9-3 所示的自我评价与考核表。

表 9-3 自我评价与考核表

评测内容:	系统开发步骤、需求分析、概要设计、详细设计、数据结构设计、编码实现、运行维护		
完成时间:	完成情况:	□优秀□良好□中等□合格□不合格	
序 号	知 识 点	自 我 评 价	教 师 评 价
1	系统开发步骤、需求分析、概要设计、详细设计的流程		
2	实现数据结构设计，掌握数据结构设计的思路与方法		
3	分析流程，掌握适合解决每个问题的数据和算法		
4	将学生信息写入文件，掌握文件操作		
5	录入学生信息，掌握结构体数据操作和相关算法设计		
6	修改学生信息，掌握自定义函数操作和相关算法设计		
7	实现学生成绩录入和计算,掌握函数返回值操作和相关算法设计		
8	实现学生信息的添加，掌握文件操作和相关算法设计		
9	实现误删的学生信息的恢复，掌握选择结构流程和相关算法设计		
10	实现学生信息的查询，掌握循环结构流程和相关算法设计		
11	实现学生信息管理系统的菜单，掌握总体的设计方法		
12	实现学生信息管理系统主函数，掌握数据的作用域范围		
13	对程序进行测试和维护，掌握相关测试方法		
需要改进的内容:			

实训小结与易错点分析

　　通过对系统开发设计与实现过程的练习，可以拥有和表达能力相符的动手能力。在完成一个综合性系统开发的过程中，从基本数据到较为综合的管理，可以涉及大多数与 C 语言相关的知识，能在加深对知识学习、理解的同时，较为完整地认识软件开发的基本方法。

　　　在设计和编写每个模块的代码时，要理论知识联系实践应用，使用数据模型，不仅使用了简单的数据，还使用了复杂的数据，并且在系统应用中增大了数据使用的规模。应理解各种数据的使用要求和在转换成现实问题时需要注意的内容。通过设计程序流程，实现程序的逻辑功能，完成了现实中的应用系统。完成了学生信息管理系统之后，可以将总结到的编程经验应用到各种类型的问题中，根据实际需要开发商品管理、人事管理、物资供应、图书管理等系统。

附录 A
C 语言试题

一、选择题（共 20 个小题，每小题 1 分，共 20 分）

1. C 语言程序的基本单位是（　　）。
   - A．程序行
   - B．语句
   - C．函数
   - D．字符

2. 在 C 语言源程序中，main()函数（　　）。
   - A．必须在开头
   - B．必须在系统调用的库函数的后面
   - C．可以在任意位置
   - D．必须在末尾

3. 以下符号串中，符合 C 语言语法的标识符是（　　）。
   - A．_121
   - B．121_
   - C．A*121
   - D．#12_1

4. 在 C 语言中，要求运算的数必须是整数的运算符是（　　）。
   - A．/
   - B．!
   - C．%
   - D．==

5. 一个完整的 C 语言程序包含一个或多个函数，对于 main()函数，下列说法不正确的是（　　）。
   - A．是程序开始运行时第一个被调用的函数
   - B．有没有都可以
   - C．是唯一不可缺少的函数
   - D．没有它，程序就无法运行

6. 若已定义 x 和 y 为 double 型，则表达式 "x=1,y=x+3/2" 的值是（　　）。
   - A．1
   - B．2
   - C．2.0
   - D．2.5

7. 以下属于合法的 C 语言长整型常量的是（　　）。
   - A．369852147
   - B．0L

C. 3E4 　　　　　　　　　D. (long)745896

8. 若有 "n=10,i=4"，则赋值运算 "n%=i+1;" 执行后，n 的值是（　　）。

A. 0 　　　　　　　　　　B. 3

C. 2 　　　　　　　　　　D. 1

9. if 语句的控制条件是（　　）。

A. 只能用关系表达式 　　　　B. 只能用关系表达式或逻辑表达式

C. 只能用逻辑表达式 　　　　D. 可以用任何表达式

10. 关于以下循环语句的说法正确的是（　　）。

```
for(a=1,b=1;a<4&& b!=4;a++);
```

A. 无限循环 　　　　　　　B. 循环 4 次

C. 循环次数不定 　　　　　D. 循环 3 次

11. 以下语句是合法的 C 语言赋值语句的是（　　）。

A. a=b=58 　　　　　　　B. i++;

C. a=58,b=58 　　　　　　D. k=int(a+b);

12. 与 "*&x" 等价的表达式是（　　）。

A. &(*x) 　　　　　　　　B. x

C. *x 　　　　　　　　　　D. &*x

13. 若 a,b,c 都是 int 型变量，且 "a=3,b=4,c=5"，则以下表达式中，值为 0 的是（　　）。

A. 'a'&&'b' 　　　　　　　B. a<=b

C. a||b+c&&b-c 　　　　　D. !((a<b)&&!c||1)

14. 若有数组定义语句 "char array[]="student";"，则该数组所占的存储空间为（　　）。

A. 6 字节　　B. 7 字节　　C. 8 字节　　　D. 9 字节

15. 执行以下程序段后，x 的值是（　　）。

```
int a=8,b=7,c=6,x=1;
if(a>6)
    if(b>7)
        if(c>8)
            x=2;
else x=3;
```

A. 0 　　　　B. 1 　　　　C. 2 　　　　D. 3

16. 若有 "int a[10],*p=a;"，则对数组元素的正确引用是（　　）。

A. a[p] 　　　　　　　　B. p[a]

C. *(p+2) 　　　　　　　D. p+2

17. 对二维数组的正确定义是（　　）。

A. int a[ ] [ ]={1,2,3,4,5,6}; 　　B. int a[2] [ ]={1,2,3,4,5,6};

C．int a[ ] [3]={1,2,3,4,5,6};　　　D．int a[2,3]={1,2,3,4,5,6};

18．以下属于整型常量的是（　　）。

A．12　　　　　B．12.0　　　　　C．−12.0　　　　　D．10E+10

19．以下变量定义格式正确的是（　　）。

A．int:a,b,c;　　　　　　　　B．int a;b;c;

C．int a,b，c　　　　　　　　D．int a,b,c;

20．C 语言用（　　）表示逻辑"真"值。

A．true　　　　　　　　　B．t 或 y

C．非零值　　　　　　　　D．整型值 0

二、填空题（共 10 个小题，每小题 2 分，共 20 分）

1．用十进制表示无符号短整型数据的数值范围：＿＿＿＿＿＿＿＿＿＿＿。

2．C 语言中，putchar(c)函数的功能是＿＿＿＿＿＿＿＿＿＿＿＿＿＿＿＿。

3．若有"int a,b=10;"，则执行语句"a=b%(2+1)"后，a 的值是＿＿＿＿＿＿＿＿。

4．使用 getchar()函数时，程序的开头必须写＿＿＿＿＿＿＿＿＿＿＿。

5．表示条件 10<x<100 或 x<0 的 C 语言表达式是＿＿＿＿＿＿＿＿＿＿＿＿。

6．"int *p"的含义是＿＿＿＿＿＿＿＿＿＿＿＿＿＿＿＿＿＿＿。

7．构成数组的各个元素必须具有相同的＿＿＿＿＿＿＿＿＿＿＿＿。

8．数组"int a[3][4];"共定义了＿＿＿＿＿＿＿个数组元素。

9．若有"int a[10];"，则数组 a 的首元素是＿＿＿＿＿＿＿＿＿＿。

10．若有"int a[ ]={1,2,3,4,5,6,7,8},*s=a;"，则"*(s+1)"的值是＿＿＿＿＿＿＿＿＿。

三、程序分析题（共 6 个小题，每小题 5 分，共 30 分）

1．以下程序的输出结果是＿＿＿＿＿＿＿＿＿＿＿＿＿＿＿＿＿＿＿。

```
main(){
    int a=8,b=1;
    a=a+b;
    b=a*b;
    printf("a=%d,b=%d",a,b);
}
```

2．以下程序的输出结果是＿＿＿＿＿＿＿＿＿＿＿＿＿＿＿＿＿＿＿。

```
main(){
    int i,num[5];
    for(i=0;i<5;i++)
        num[i]=i*10-2;
    printf("%d",num[3]);
}
```

3．以下程序的输出结果是_____。

```
main(){
    float c,f;
    c=30.0;
    f=(6*c)/5+32;
    printf("f=%f",f);
}
```

4．以下程序的输出结果是_____。

```
int x=5,y=8;
int min(int x,int y){
    int z;
    z=x<y?x:z;
    return z;
}
main(){
    int x=7;
    printf("%d",min(x,y));
}
```

5．以下程序的输出结果是_____。

```
sum(int n){
    if(n==1)
        return(1);
    else
        return n+sum(n-1);
}
main(){
    printf("%d\n",sum(5));
}
```

6．以下程序的输出结果是_____。

```
main(){
    char s[]="abcdef";
    s[3]='\0';
    printf("%s\n",s);
}
```

四、编程题（共 3 个小题，每小题 10 分，共 30 分）

1．编写程序，求 1～100 的和并输出。

2．编写程序，实现输入 3 个数，输出其中最大的数。

3．编写程序，实现输入 10 个数，求其平均值。

参考答案与评分标准

一、选择题

1～5　CCACB　　　　　　　6～10　CBADD

11～15　BBDCB　　　　　　16～20　CCADC

二、填空题

1．0～65535　　　　　　　2．将变量 C 中的字符显示到屏幕上

3．1　　　　　　　　　　　4．#include "stdio.h"

5．x>10&&x<100||x<0　　　6．定义了一个指向整型数据的指针变量

7．数据类型　　　　　　　8．12

9．a[0]　　　　　　　　　10．2

三、程序分析题

1．a=9,b=9　　　2．28　　　3．f=68

4．7　　　　　　5．15　　　6．abc

四、编程题

1.

```
main(){
    int i,sum;
    for(i=1,sum=0;i<=100;i++)
        sum+=i;
    printf("sum=%d\n",sum);
}
```

（也可以用其他方法编写）

2.

```
main(){
    int a,b,c,max;
    scanf("%d%d%d",&a,&b,&c);
    if(a>b)max=a;
    else max=b;
    if(max<c)max=c;
    printf("max=%d\n",max);
}
```

3.

```
main(){
    float a[10],sum;
    int i;
    for(i=0,sum=0;i<10;i++){
        scanf("%d",&a[i]);
        sum+=a[i];}
    printf("average=%d\n",sum/10);
}
```

附录 B
C 语言关键字

C 语言关键字如表 B-1 所示。

表 B-1   C 语言关键字

序　号	关　键　字	用　　途	序　号	关　键　字	用　　途
1	auto	声明自动变量	17	static	声明静态变量
2	short	声明短整型变量或函数	18	volatile	说明变量在程序执行中可被隐含地改变
3	int	声明整型变量或函数	19	void	声明函数无返回值或无参数，声明无类型指针
4	long	声明长整型变量或函数	20	if	条件语句
5	float	声明浮点型变量或函数	21	else	条件语句否定分支（与 if 连用）
6	double	声明双精度浮点型变量或函数	22	switch	用于开关语句
7	char	声明字符型变量或函数	23	case	开关语句分支
8	struct	声明结构体类型变量或函数	24	for	一种循环语句
9	union	声明共用体类型	25	do	循环语句的循环体
10	enum	声明枚举类型	26	while	循环语句的循环条件
11	typedef	给数据类型定义别名	27	goto	无条件跳转语句
12	const	声明只读变量	28	continue	结束当前循环，开始下一轮循环
13	unsigned	声明无符号类型变量或函数	29	break	跳出当前循环
14	signed	声明有符号类型变量或函数	30	default	开关语句中的"其他"分支
15	extern	声明变量在其他文件中定义	31	sizeof	计算数据类型长度
16	register	声明寄存器变量	32	return	子程序返回语句可以带参数，也可以不带参数

附录 C

控制字符与 ASCII 码对照表

控制字符与 ASCII 码对照表如表 C-1 所示。

表 C-1 控制字符与 ASCII 码对照表

ASCII 值	控 制 字 符	ASCII 值	控 制 字 符	ASCII 值	控 制 字 符	ASCII 值	控 制 字 符
0	NUL（空）	26	SUB（替换）	52	4	78	N
1	SOH（标题开始）	27	ESC（取消）	53	5	79	O
2	STX（正文开始）	28	FS（文件分隔）	54	6	80	P
3	ETX（正文结束）	29	GS（组分隔）	55	7	81	Q
4	EOT（传输结束）	30	RS（记录分隔）	56	8	82	R
5	ENQ（询问）	31	US（单元分隔）	57	9	83	S
6	ACK（承认）	32	（space）	58	:	84	T
7	BEL（响铃）	33	!	59	;	85	U
8	BS（退格）	34	"	60	<	86	V
9	HT（水平制表）	35	#	61	=	87	W
10	LF（换行）	36	$	62	>	88	X
11	VT（垂直制表）	37	%	63	?	89	Y
12	FF（换页）	38	&	64	@	90	Z
13	CR（回车）	39	'	65	A	91	[
14	SO（移位输出）	40	(	66	B	92	\
15	SI（移位输入）	41	)	67	C	93	]
16	DLE（空格）	42	*	68	D	94	^
17	DC1（设备控制 1）	43	+	69	E	95	_
18	DC2（设备控制 2）	44	,	70	F	96	`
19	DC3（设备控制 3）	45	−	71	G	97	a
20	DC4（设备控制 4）	46	.	72	H	98	b
21	NAK（否定）	47	/	73	I	99	c
22	SYN（同步空闲）	48	0	74	J	100	d
23	ETB（信息组传送结束）	49	1	75	K	101	e
24	CAN（作废）	50	2	76	L	102	f
25	EM（介质末端）	51	3	77	M	103	g

续表

ASCII 值	控 制 字 符	ASCII 值	控 制 字 符	ASCII 值	控 制 字 符	ASCII 值	控 制 字 符
104	h	110	n	116	t	122	z
105	i	111	o	117	u	123	{
106	j	112	p	118	v	124	|
107	k	113	q	119	w	125	}
108	l	114	r	120	x	126	～
109	m	115	s	121	y	127	DEL（删除）

附录 D

C 语言常用标准库函数

C 语言常用标准库函数如表 D-1 所示。

表 D-1　C 语言常用标准库函数

输入/输出函数（头文件：stdio.h）		
函 数 原 型	功　　能	返回值类型
getch()	从控制台（键盘）读一个字符，但不显示在屏幕上	int
putch()	向控制台（键盘）写一个字符	int
getchar()	从控制台（键盘）读一个字符，并显示在屏幕上	int
putchar()	向控制台（键盘）写一个字符	int
getc(FILE *stream)	从流中读一个字符，并返回这个字符	int
putc(int ch,FILE *stream)	向流中写一个字符	int
getw(FILE *stream)	从流中读一个整数	int
putw(int w,FILE *stream)	向流中写一个整数	int
fclose(handle)	关闭 handle 所表示的文件	FILE *
fgetc(FILE *stream)	从流中读一个字符，并返回这个字符	int
fputc(int ch,FILE *stream)	向流中写字符 ch	int
fgets(char *string,int n,FILE *stream)	从流中读 n 个字符存入 string 中	char *
fopen(char *filename,char *type)	打开文件 filename，打开方式为 type，并返回这个文件指针	FILE *
fputs(char *string,FILE *stream)	向流中写一个字符串	int
fread(void *ptr,int size,int nitems,FILE *stream)	从流中读 nitems 个长度为 size 的字符串，并存入 ptr 中	int
fwrite(void *ptr,int size,int nitems,FILE *stream)	向流中写 nitems 个长度为 size 的字符串，字符串在 ptr 中	int
fscanf(FILE *stream,char *format[,argument,…])	以格式化形式从流中读一个字符串	int
fprintf(FILE *stream,char *format[,argument,…])	以格式化形式向流中写一个字符串	int
scanf(char *format[,argument…])	从控制台读一个字符串，分别对各个参数进行赋值，使用基本输入/输出系统（BIOS）进行输出	int
printf(char *format[,argument,…])	向控制台（显示器）写格式化字符串，使用 BIOS 进行输出	int

字符串处理函数（头文件：string.h）

函 数 原 型	功　能	返回值类型
strcat(char *dest,const char *src)	将字符串 src 添加到字符串 dest 的末尾	char
strchr(const char *s,int c)	检索并返回字符 c 在字符串 s 中第一次出现的位置	char
strcmp(const char *s1,const char *s2)	比较字符串 s1 与字符串 s2 的大小，并返回 s1-s2	int
strcpy(char *dest,const char *src)	将字符串 src 复制到字符串 dest 中	char
strdup(const char *s)	将字符串 s 复制到最近建立的单元中	char
strlen(const char *s)	返回字符串 s 的长度	int
strlwr(char *s)	将字符串 s 中的大写英文字母全部转换成小写，并返回转换后的字符串	char
strrev(char *s)	将字符串 s 中的字符全部颠倒顺序重新排列，并返回排列后的字符串	char
strset(char *s,int ch)	将字符串 s 中的所有字符置为给定的字符 ch	char
strspn(const char *s1,const char *s2)	扫描字符串 s1，并返回在字符串 s1 和字符串 s2 中均有的字符的个数	char
strstr(const char *s1,const char *s2)	扫描字符串 s2，并返回字符串 s2 第一次出现在字符串 s1 中的位置	char
strtok(char *s1,const char *s2)	检索字符串 s1，并将字符串 s1 用字符串 s2 定义的定界符分隔	char
strupr(char *s)	将字符串 s 中的小写英文字母全部转换成大写，并返回转换后的字符串	char

数学函数（头文件：math.h）

函 数 原 型	功　能	返回值类型
abs(int i)	求整数 i 的绝对值	int
fabs(double x)	求浮点数 x 的绝对值	double
floor(double x)	求不大于 x 的最大整数	double
ceil(double x);	求不小于 x 的最小整数	double
fmod(double x, double y)	计算 x/y 的余数	double
exp(double x)	求 e 的 x 次幂	double
log(double x)	求对数函数 ln(x)	double
log10(double x)	求对数函数 $\log_{10}(x)$	double
labs(long n)	取长整型绝对值	long
modf(double value, double *iptr)	把浮点数 value 分解成整数部分和小数部分	double
pow(double x, double y)	计算 x 的 y 次幂	double
sqrt(double x)	计算 x 的平方根	double
sin(double x)	计算 x 的正弦值	double
asin(double x)	计算 x 的反正弦值	double
sinh(double x)	计算 x 的双曲正弦值	double
cos(double x);	计算 x 的余弦值	double
acos(double x)	计算 x 的反余弦值	double
cosh(double x)	计算 x 的双曲余弦值	double
tan(double x)	计算 x 的正切值	double
atan(double x)	计算 x 的反正切值	double
tanh(double x)	计算 x 的双曲正切值	double

反侵权盗版声明

电子工业出版社依法对本作品享有专有出版权。任何未经权利人书面许可，复制、销售或通过信息网络传播本作品的行为；歪曲、篡改、剽窃本作品的行为，均违反《中华人民共和国著作权法》，其行为人应承担相应的民事责任和行政责任，构成犯罪的，将被依法追究刑事责任。

为了维护市场秩序，保护权利人的合法权益，我社将依法查处和打击侵权盗版的单位和个人。欢迎社会各界人士积极举报侵权盗版行为，本社将奖励举报有功人员，并保证举报人的信息不被泄露。

举报电话：（010）88254396；（010）88258888

传　　真：（010）88254397

E-mail： dbqq@phei.com.cn

通信地址：北京市万寿路 173 信箱

　　　　　电子工业出版社总编办公室

邮　　编：100036